La Bactérie qui tuera la TERRE

« l' HOMME »

Georges « *Philippe* » Ballin

 www.BallinEdition.com

La Bactérie qui tuera la TERRE :

« l'HOMME »

de

-Georges « *Philippe* » ballin

Préambule

Oui l' Homme a évolué depuis un certain nombre d' années, mais a t' il évolué dans la bonne direction, avec bon sens et charisme, il y a de quoi se poser la question aujourd'hui.

Il suffit d'écouter et voir ce qu'il se passe autour de nous, pour s' apercevoir que l'Homme en général ne vie qu'au prix de ses bas instincts de pouvoir, de mort, de cupidité, d' égoïsme et j' en passe. La liste serait trop longue à énumérer.

L'Homme, dit moderne, a tout simplement oublier d' où il venait et surtout comment il est parvenu à ce stade d' évolution par rapport à l'animal en général, et à ses cousins les plus proches, les singes !

En tenant compte de tout ce qui compose le règne animal, insectes y compris. Il faut également tenir compte du règne végétal, qui lui aussi a évolué de façon exponentielle.

Pour arriver au stade actuel, l' Homme a mis des millions d'années et subit des métamorphoses importantes.

On pourrait presque croire, au vu de tout ce qui

se passe dans le Monde, que l' Homme a perdu la mémoire tout simplement, ironiquement qu' il a la mémoire d' un poisson rouge. Tout le monde sait, je pense, que lorsqu' un poisson rouge a fait le tour de son bocal, il a oublié tout ce qu' il a vu ou entendu !!

Je me suis donc permis de vous faire connaître, en quelques chapitres, l' histoire du Monde, de notre Gallaxie, de la naissance du Système Solaire, depuis sa création, soit un peu plus de 5 milliards d'années .

Chapitre /1

Formation du Système solaire

La **formation et l'évolution du Système solaire**, le système planétaire qui abrite la Terre, sont déterminées par un modèle aujourd'hui très largement accepté et connu sous le nom d'« hypothèse de la nébuleuse solaire ». Ce modèle a été développé au XVIIIe siècle par Emanuel Swedenborg, Emmanuel Kant et Pierre-Simon de Laplace. Les développements consécutifs à cette hypothèse ont fait intervenir une grande variété de disciplines scientifiques comprenant l'astronomie, la physique, la géologie et la planétologie. Depuis le début de la conquête de l'espace dans les années 1950 et à la suite de la découverte des exoplanètes dans les années 1990, les modèles ont été remis en cause et affinés pour tenir compte des nouvelles observations.

Selon les estimations issues de ce modèle, le Système solaire a commencé d'exister il y a 4,55 à 4,56 milliards d'années avec l'effondrement gravitationnel d'une petite partie d'un nuage moléculaire géant. La plus grande partie de la masse du nuage initial s'est effondrée au centre de cette zone, formant le Soleil, alors que ses restes épars ont formé le disque protoplanétaire sur la base duquel se sont formés les planètes, les lunes, les astéroïdes et les autres petits corps du Système solaire.

Le Système solaire a considérablement évolué depuis sa formation initiale. Nombre de lunes se sont formées à partir du disque gazeux et des poussières encerclant leurs planètes associées, alors qu'on suppose que d'autres ont été formées indépendamment puis capturées par une planète. Enfin, d'autres encore, comme le satellite naturel de la Terre, la Lune, seraient (très probablement) le résultat de collisions cataclysmiques. Des collisions entre des corps ont eu lieu continuellement jusqu'à nos jours et ont joué un rôle central dans l'évolution du Système solaire. Les positions des planètes ont sensiblement glissé, et certaines planètes ont échangé leurs places1. On suppose maintenant que cette migration planétaire a été le principal moteur de l'évolution du jeune Système solaire. Dans environ 5 milliards d'années, le Soleil se refroidira et s'étendra bien au-delà de son diamètre actuel, pour devenir une géante rouge. Il éjectera alors ses couches supérieures selon le schéma des nébuleuses planétaires, et laissera derrière lui un cadavre stellaire : une naine blanche. Dans un futur lointain, l'attraction gravitationnelle d'étoiles passant dans le voisinage arrachera alors progressivement le cortège des planètes de l'ancien système à son étoile. Certaines planètes seront détruites alors que d'autres seront éjectées dans l'espace. Au bout de plusieurs milliers de milliards d'années, il est probable que le Soleil, devenu une naine noire, sera seul et glacé, sans aucun corps gravitant dans son orbite.

Histoire de la théorie actuelle

Pierre-Simon de Laplace, l'un des fondateurs de l'hypothèse de la nébuleuse solaire.

Les idées relatives aux origines et au devenir du monde sont rapportées dans les plus anciens écrits connus. Néanmoins, comme l'existence du Système solaire tel qu'il est défini actuellement n'était pas encore connue, la formation et l'évolution du monde n'y faisaient pas référence. Le premier pas qui ouvrit la porte à une explication rationnelle fut l'acceptation de l'héliocentrisme, qui plaçait le Soleil au centre du système et la Terre en orbite autour de lui. Si cette conception était connue des précurseurs, comme Aristarque de Samos dès 280 av. J.-C., elle resta en gestation pendant des siècles, et elle ne fut largement acceptée qu'à la fin du XVIIe siècle. Le terme « Système solaire », à proprement parler, fut utilisé pour la première fois en 1704.

Emmanuel Kant en 1755 et, indépendamment, Pierre-Simon de Laplace au XVIIIe siècle ont les premiers formulé l'hypothèse de la nébuleuse solaire. Cette hypothèse est l'embryon de la théorie standard actuellement associée à la formation du Système solaire. La critique la plus importante de cette hypothèse fut son apparente incapacité à expliquer le manque relatif de moment cinétique du Soleil par rapport aux planètes. Toutefois, depuis le début des années 1980 l'observation et l'étude de jeunes étoiles ont montré qu'elles étaient entourées par des disques froids de poussières et de gaz, exactement comme le prédit l'hypothèse de la nébuleuse solaire, ce qui lui valut un regain de crédit.

Déterminer quelle sera l'évolution à venir du Soleil, principal acteur du Système solaire, nécessite de comprendre d'où il puise son énergie. La validation par Arthur Eddington du principe de relativité d'Albert Einstein nous apprend que l'énergie du Soleil provient des réactions de fusions nucléaires qui s'opèrent en son cœur. En 1935, Eddington poursuit ce raisonnement et suggère que d'autres éléments pourraient aussi s'être formés au sein des étoiles. Fred Hoyle élabore sur ces bases et explique que les étoiles évoluées qui sont appelées géantes rouges créent un grand nombre d'éléments plus lourds que l'hydrogène et l'hélium en leur sein. Quand une géante rouge éjecte finalement ses couches externes, les éléments qu'elle y a accumulé sont libérés et peuvent être réintégrés dans la formation de nouveaux systèmes stellaires.

Le modèle actuel de formation des planètes du Système solaire, par accrétion de planétésimaux, est développé dans les années 1960 par l'astrophysicien russe Viktor Safronov.

Datation

En utilisant la datation radioactive, les scientifiques évaluent l'âge du Système solaire à environ 4,6 milliards d'années. Des grains de zircon terrestres inclus dans des roches plus récentes qu'eux ont été datés de plus de 4,2 milliards d'années, voire jusqu'à 4,4. Les plus anciennes roches terrestres ont un âge d'environ 4 milliards d'années. Des roches de cette ancienneté sont rares, car la croûte terrestre est constamment modelée par l'érosion, le volcanisme et la tectonique des plaques. Pour estimer l'âge du Système solaire, les scientifiques doivent utiliser des météorites qui se sont formées au début de la condensation de la nébuleuse solaire. Les plus anciennes météorites, telle la météorite de Canyon Diablo, ont 4,6 milliards d'années ; par conséquent, le Système solaire doit au moins avoir cet âge. La condensation du Système solaire à partir de la nébuleuse primitive serait survenue en 10 millions d'années au plus.

Formation

Nébuleuse pré-solaire

Illustration des étapes clefs préalable à la formation du Système solaire.

Cette illustration est construite à partir de photos issues d'évènements similaires à ceux discutés, mais observés ailleurs dans l'Univers.

Selon l'hypothèse de la nébuleuse présolaire, le Système solaire s'est formé à la suite de l'effondrement gravitationnel d'un fragment d'un nuage moléculaire de plusieurs années-lumière de diamètre. Il y a encore quelques décennies, il était communément admis que le Soleil s'était formé dans un environnement relativement isolé, mais l'étude d'anciennes météorites a révélé des traces d'isotopes à demi-vie réduite, tels que le fer 60, qui ne se forme que lors de l'explosion d'étoiles massives à courte durée de vie. Cela révèle qu'une ou plusieurs supernovas se sont produites dans le voisinage du Soleil alors qu'il se formait. Une onde de choc résultant d'une supernova pourrait avoir déclenché la formation du Soleil en créant des régions plus denses au sein du nuage, au point d'initier son effondrement. Parce que seules les étoiles massives à courte durée de vie forment des supernovas, le Soleil serait apparu dans une large région de production d'étoiles massives, sans doute comparable à la nébuleuse d'Orion. L'étude de la structure de la ceinture de Kuiper et des matériaux inattendus qui s'y trouvent suggère que le Soleil s'est formé parmi un ensemble d'étoiles regroupées dans un diamètre de 6,5 à 19,5 années-lumière et représentant une masse collective équivalente à 3 000 fois celle du Soleil. Différentes simulations d'un Soleil jeune, interagissant avec des étoiles passant à proximité durant les 100 premiers millions d'années de sa vie, produisent des orbites anormales. De telles orbites sont observées dans le Système solaire externe, notamment celles des objets épars.

L'une de ces régions de gaz en effondrement, la « nébuleuse pré-solaire », aurait formé ce qui allait devenir le Système solaire. Cette région avait un diamètre compris entre 7 000 et 20 000 unités astronomiques et une masse juste supérieure à celle du Soleil. Sa composition était sensiblement la même que celle du Soleil actuel. Elle comprenait de l'hydrogène, accompagné d'hélium et de traces de lithium produits par la nucléosynthèse primordiale, formant environ 98 % de sa masse. Les 2 % de la masse restante représentent les éléments plus lourds, créés par nucléosynthèse des générations plus anciennes d'étoiles. À la fin de leur vie, ces anciennes étoiles avaient expulsé les éléments plus lourds dans le milieu interstellaire et dans la nébuleuse solaire.

À cause de la conservation du moment angulaire, la nébuleuse tournait plus vite à mesure qu'elle s'effondrait. Comme les matériaux au sein de la nébuleuse se condensaient, la fréquence des collisions des atomes qui les composaient augmentait, convertissant leur énergie cinétique en chaleur. Le centre, où la plus grande partie de la masse était collectée, est devenu de plus en plus chaud, bien plus que le disque l'entourant. Sur une période de 100 000 ans, les forces concurrentes de gravité, de pression des gaz, de champs magnétiques et de rotation ont causé la contraction et l'aplatissement de la nébuleuse en un disque protoplanétaire tournant avec un diamètre d'environ 200 au et formant en son centre une proto-étoile chaude et dense (une étoile au sein de laquelle la fusion d'hydrogène ne peut encore débuter).

À ce point de son évolution, le Soleil était vraisemblablement une étoile variable de type T Tauri. Les études des étoiles T Tauri montrent qu'elles sont souvent accompagnées par des disques de matière pré-planétaire avec des masses de 0,001 à 0,1 masse solaire. Ces disques s'étendent sur plusieurs centaines d'unités astronomiques — le télescope spatial *Hubble* a observé des disques protoplanétaires allant jusqu'à 1 000 au de diamètre dans des régions de formation d'étoiles telles que la nébuleuse d'Orion — et atteignent une température d'un millier de kelvins au plus.

Après 50 millions d'années, la température et la pression au cœur du Soleil sont devenues si élevées que son hydrogène a commencé à fusionner, créant une source d'énergie interne qui s'est opposée à la contraction gravitationnelle jusqu'à ce que l'équilibre hydrostatique soit atteint. Ceci a marqué l'entrée du Soleil dans la première phase de sa vie, connue sous le nom de séquence principale. Les étoiles de la séquence principale tirent leur énergie de la fusion de l' Hydrogène en helium dans leur cœur. Le Soleil reste une étoile de la séquence principale à ce jour.

Formation des planètes

On suppose que les différentes planètes se sont formées sur la base de la *nébuleuse solaire*, un nuage en forme de disque, fait de gaz et de poussières, n'ayant pas directement été englouti dans la formation du Soleil. Le phénomène, actuellement retenu par la communauté scientifique, selon lequel les planètes se sont formées est nommé l'« accrétion ». Selon ce procédé, les planètes naissent des grains de poussière du disque d'accrétion en orbite autour de la proto-étoile centrale. À la suite de contacts directs, ces grains s'agrègent en blocs de 1 à 10 kilomètres de diamètre, qui, à leur tour, entrent en collision les uns avec les autres pour former des corps plus importants d'environ 5 km de large, des planétésimaux. Ces derniers s'accroissent graduellement au fur et à mesure de nouvelles collisions, augmentant au taux de quelques centimètres par année durant les quelques millions d'années suivantes

Le Système solaire interne, la région du système à moins de 4 au du Soleil, est trop chaud pour que les molécules volatiles telles que l'eau et le méthane se condensent. Aussi, les planétésimaux qui s'y forment ne peuvent être constitués que de composants chimiques ayant un haut niveau de sublimation, tels que les métaux (comme le fer, le nickel et l'aluminium) et des roches de silicates. Ces corps rocheux vont devenir les planètes telluriques : Mercure, Vénus, la Terre et Mars. Comme ces composés chimiques sont assez rares dans l'Univers, correspondant seulement à 0,6 % de la masse de la nébuleuse, les planètes telluriques ne connaissent pas une croissance très importante11. L'embryon terrestre grossit d'au plus 0,05 masse terrestre et cesse d'accumuler de la matière 100 000 ans après la formation du Soleil. De nouvelles collisions et la fusion de corps de la taille de quasi-planètes permettent alors aux planètes telluriques de grossir jusqu'à leurs tailles actuelles (voir Planètes telluriques ci-dessous).

Quand les planètes telluriques sont formées, elles continuent d'évoluer dans un disque de gaz et de poussières. Le gaz est partiellement soutenu par les mécanismes de pression et il n'orbite donc pas aussi vite que les planètes autour du Soleil. La résistance induite par le milieu cause un transfert de moment angulaire et, en conséquence, les planètes émigrent progressivement vers de nouvelles orbites. Les modèles mathématiques montrent que les variations de température dans le disque gouvernent cette vitesse de migration, mais les planètes intérieures ont nettement tendance à se rapprocher davantage du Soleil, alors que le disque se dissipe. Cette migration place finalement les planètes telluriques sur leurs orbites actuelles.

Les planètes gazeuses géantes, nommément Jupiter, Saturne, Uranus et Neptune, se forment plus à l'extérieur, par-delà la ligne des glaces (aussi appelée « ligne de gel »). Cette ligne désigne la limite, entre les orbites de Mars et de Jupiter, où la matière est suffisamment froide pour que ses composés de glace volatile restent à l'état solide. Les glaces qui forment les géantes gazeuses sont plus abondantes que les métaux et les silicates qui forment les planètes telluriques. Ceci permet aux géantes de devenir suffisamment massives pour qu'elles finissent par capturer l'hydrogène et l'hélium, les plus légers mais aussi les plus abondants des éléments de l'Univers. Les planétésimaux formés par-delà la ligne des glaces accumulent jusqu'à plus de quatre masses terrestres sur une période de trois millions d'années. Aujourd'hui, les quatre géantes gazeuses totalisent quasiment 99 % de toute la masse orbitant autour du Soleil. Les astrophysiciens pensent que ce n'est pas par hasard si Jupiter se trouve juste au-delà de la ligne des glaces. La ligne des glaces accumulerait alors de grosses quantités d'eau par évaporation de glace en chute depuis les régions extérieures. Cela créerait une région de faible pression qui faciliterait l'accélération des particules en orbite à la frontière de cette ligne et interromprait leurs mouvements vers le Soleil. En effet, la ligne des glaces agit comme une barrière qui cause l'accumulation rapide de matériel à environ cinq unités astronomiques du Soleil. Cet excès de matériel se fond en un large embryon d'environ dix masses terrestres, qui commence alors à grossir rapidement en engloutissant l'hydrogène présent dans le disque alentour. L'embryon atteint alors 150 masses terrestres en seulement 1 000 ans, jusqu'à atteindre sa masse nominale, 318 fois celle de la Terre. La masse significativement plus réduite de Saturne s'expliquerait par le fait qu'elle se serait formée quelques millions d'années après Jupiter, alors qu'il y avait moins de gaz disponible dans son environnement.

Uranus et Neptune sont supposées s'être formées après Jupiter et Saturne. Le puissant vent solaire a alors soufflé au loin l'essentiel du matériel du disque. En conséquence, les planètes n'ont l'opportunité d'accumuler qu'une petite quantité d'hydrogène et d'hélium — pas plus d'une masse terrestre chacune. Uranus et Neptune sont parfois qualifiées de « *failed cores* », c'est-à-dire de « noyaux ratés ». Le problème central que rencontrent les différentes théories de la formation du Système solaire est associé à l'échelle de temps nécessaire à leur formation. Là où sont situées les planètes, il leur aurait fallu une centaine de millions d'années pour agréger leurs noyaux. Cela signifie qu'Uranus et Neptune se sont probablement formées plus près du Soleil, près de Saturne ou peut-être même entre celle-ci et Jupiter, et qu'elles ont migré, plus tard, vers l'extérieur (voir « Migration planétaire » ci-dessous). Tous les mouvements dans la zone des planétésimaux n'étaient pas nécessairement dirigés vers le Soleil ; les échantillons que la sonde spatiale *Stardust* a rapportés de la comète Wild suggèrent que les matériaux de la prime formation du

Système solaire ont migré depuis les régions les plus chaudes du système vers les régions de la ceinture de Kuiper.

Après environ quatre millions d'années, tout le gaz et toutes les poussières du disque protoplanétraire sont dissipées du fait de l'accrétion sur le Soleil et des vents stellaires du jeune Soleil. Passé ce point, il ne reste que les planétésimaux.

Amas stellaire

D'après des simulations prépubliées en août 2023, « la distribution orbitale des objets du disque épars peut être expliquée si une rencontre stellaire particulièrement rapprochée s'est produite dès le début (par exemple, une naine M d'une masse ≃0,2 M☉ approchant du Soleil à ≃200 au). Pour qu'une telle rencontre se produise avec une probabilité raisonnablement élevée, le Soleil doit s'être formé dans un amas stellaire avec $\eta T \gtrsim$ 104 Ma pc−3, où η est la densité numérique stellaire [c'est-à-dire le nombre d'étoiles par unité de volume] et T est le temps de séjour du Soleil dans l'amas ».

Évolution ultérieure

Les premières théories de la formation du Système solaire supposaient que les planètes s'étaient formées à proximité de l'endroit où elles orbitent actuellement. Ce point de vue a radicalement changé à la fin du XXe siècle et au début du XXIe siècle. Actuellement, on pense que le Système solaire était très différent après sa formation initiale de ce qu'il est aujourd'hui : plusieurs objets au moins aussi massifs que Mercure étaient présents dans le Système solaire interne, la partie externe du système était beaucoup plus compacte qu'elle ne l'est maintenant, et la ceinture de Kuiper était bien plus proche du Soleil.

Au début du XXIe siècle, il est communément admis au sein de la communauté scientifique que les impacts de météorites se sont produits régulièrement, mais relativement rarement, au cours du développement et de l'évolution du Système solaire. La formation de la Lune, tout comme celle du système Pluton-Charon, est le résultat d'une collision d'objets de la ceinture de Kuiper. D'autres lunes proches des astéroïdes et d'autres objets de la ceinture de Kuiper seraient aussi le produit des collisions. De tels entre-chocs continuent de se produire, comme l'illustre la collision de la Comète shoemaker-Levy avec Jupiter en juillet 1994, ou l'événement de la Toungouska le 30 juin 1908.

Planètes telluriques

À la fin de l'époque où les planètes se sont formées, le Système solaire était peuplé par 50 à 100 lunes, dont certaines avaient une taille comparable à celle de la protoplanète qui allait former Mars. La poursuite de leur croissance n'a été possible que parce que ces organismes sont entrés en collision et ont fusionné les uns avec les autres, sous l'effet de la gravitation, pendant encore 100 millions d'années. L'une de ces collisions géantes est probablement à l'origine de la formation de la Lune , alors qu'une autre aurait retiré l'enveloppe externe de la jeune Mercure.

Ce modèle ne peut expliquer comment les orbites initiales des protoplanètes telluriques, qui auraient dû être hautement excentriques pour pouvoir entrer en collision, ont produit les orbites quasi circulaires remarquablement stables que les planètes telluriques ont aujourd'hui. Une hypothèse pour ce « *dumping* d'excentricité » est que les planètes telluriques se seraient formées dans un disque de gaz qui n'aurait pas encore été expulsé par le Soleil. Avec le temps, la « résistance gravitationnelle » de ce gaz résiduel aurait limité l'énergie des planètes, lissant leurs orbites. Néanmoins, un tel gaz, s'il avait existé, aurait empêché les orbites telluriques de devenir si excentriques dans un premier temps. Une autre hypothèse est que la résistance gravitationnelle ait eu lieu non entre les planètes et les gaz résiduels, mais entre les planètes et les petits corps restants. Comme les grands corps se déplaçaient à travers une foule d'objets plus petits, ceux-ci, attirés par la gravité des planètes plus grandes, ont formé une région de plus forte densité, un « sillage gravitationnel », dans le parcours des astres les plus gros. Il s'ensuit que la gravité accrue des objets regroupés dans le sillage de la planète a ralenti les objets les plus grands en les plaçant sur des orbites plus régulières.

Ceinture d'astéroïdes

La bordure extérieure de la région tellurique, entre 2 et 4 au du Soleil, est la ceinture d'astéroïdes. La ceinture d'astéroïdes initiale contenait suffisamment de matière pour former deux à trois planètes comme la Terre, et un grand nombre de planétésimaux s'y sont formés. Comme pour les planètes telluriques, les planétésimaux de cette région ont plus tard fusionné et formé de 20 à 30 lunes de la taille de la protoplanète martienne. Néanmoins, en raison de la proximité de Jupiter, la formation de cette planète, trois millions d'années après le Soleil, a fortement influencé l'histoire de la région. Les résonances orbitales avec Jupiter et Saturne sont particulièrement fortes dans la ceinture d'astéroïdes, et les interactions gravitationnelles avec des embryons plus massifs dispersaient nombre de planétésimaux dans ces résonances. La gravité de Jupiter a augmenté la vélocité de ces objets avec leurs résonances, les amenant à éclater lors des collisions avec d'autres corps, plutôt qu'à s'agréger.

Alors que Jupiter migrait vers l'intérieur, poursuivant sa formation , les résonances auraient balayé des portions de la ceinture d'astéroïdes, perturbant la dynamique de la région et accroissant la vélocité relative des corps les uns par rapport aux autres. L'action cumulée des résonances et des protoplanètes a soit chassé les planétésimaux à la périphérie de la ceinture d'astéroïdes, soit perturbé leurs inclinaisons et leurs excentricités orbitales. Certains de ces embryons massifs ont aussi été éjectés par Jupiter, tandis que les autres ont pu migrer vers le Système solaire interne et jouer un rôle dans l'accrétion finale des planètes telluriques. Durant cette période de réduction primaire, les effets des planètes géantes et des protoplanètes n'ont laissé à la ceinture d'astéroïdes qu'une masse totale équivalente à moins de 1 % de celle de la Terre, composée principalement de petits planétésimaux. Cela représentait toujours plus de 10 à 20 fois la masse de la ceinture principale actuelle, qui est d'environ 1/2 000 masse terrestre. Une période de réduction secondaire, qui a réduit la ceinture d'astéroïdes jusqu'à sa masse actuelle, est vraisemblablement survenue lorsque Jupiter et

Saturne sont entrées dans une résonance orbitale 2:1 temporaire .

Cette période d'impacts géants au cœur du Système solaire interne a probablement joué un rôle dans l'acquisition de l'eau actuellement présente sur Terre (~6 × 1021 kg) depuis l'ancienne ceinture d'astéroïdes. L'eau est trop volatile pour avoir été présente lors de la formation de la Terre et a dû arriver ultérieurement depuis des régions plus lointaines et plus froides du Système solaire. Elle a probablement été apportée par les protoplanètes et les petits planétésimaux lancés hors de la ceinture d'astéroïdes par Jupiter. Une population de comètes de la ceinture principale découverte en 2006 a aussi été suggérée comme origine possible de cette eau. En comparaison, les comètes issues de la ceinture de Kuiper ou de régions plus lointaines encore n'ont apporté que 6 % de l'eau présente sur Terre. L'hypothèse de panspermie propose que la vie ait pu être déposée sur Terre de cette façon, bien que cette idée ne soit pas largement acceptée par la communauté scientifique.

Migration planétaire

Selon l'hypothèse de la nébuleuse, les « géantes de glaces », Uranus et Neptune, sont à la « mauvaise place ». En effet, elles sont situées dans une région où la densité réduite de la nébuleuse et où la longue durée de l'orbite rendent leur formation hautement improbable. On pense donc qu'elles se sont formées sur des orbites proches de celles de Jupiter et Saturne, où davantage de matériaux étaient disponibles. Elles auraient ensuite migré vers l'extérieur du Système solaire, sur une période de plusieurs centaines de millions d'années. La migration des planètes extérieures est aussi nécessaire pour expliquer l'existence et les propriétés des régions les plus extérieures du Système solaire. Au-delà de Neptune, le Système solaire se prolonge par la ceinture de Kuiper, les objets épars et le nuage d'Oort. Ces trois populations clairsemées de petits objets de glace seraient le point d'origine de la plupart des comètes observées. À cette distance du Soleil, l'accrétion était trop lente pour permettre aux planètes de se former avant que la nébuleuse solaire se disperse. Le disque initial perdit donc suffisamment de masse et de densité pour les consolider en planètes. La ceinture de Kuiper se trouve entre 30 et 55 au du Soleil, alors que plus loin, le disque dispersé s'étend jusqu'à plus de 100 au. Le nuage d'Oort débute à 50 000 au. À l'origine cependant, la ceinture de Kuiper était bien plus dense et bien plus proche du Soleil. Ses constituants n'orbitaient pas à plus de 30 au. Au plus proche du Soleil, ils orbitaient au-delà d'Uranus et de Neptune, qui étaient en rotation bien plus près du Soleil quand elles se sont formées (le plus probablement dans un intervalle de 15 à 20 au). Neptune était alors plus proche du Soleil qu'Uranus.

Après la formation du Système solaire, les orbites de toutes les géantes gazeuses ont continué à évoluer lentement. Elles étaient alors influencées par leurs interactions avec le grand nombre de planétésimaux restants. Après 500 à 600 millions d'années, il y a environ quatre milliards d'années, Jupiter et Saturne sont entrées en résonance . Saturne effectuait une révolution autour du Soleil quand Jupiter en faisait deux. Cette résonance créait une poussée gravitationnelle qui repoussait les planètes extérieures. Neptune dépassait alors l'orbite d'Uranus et plongeait dans l'ancienne ceinture de Kuiper. La planète dispersait la majorité de ces petits corpuscules de glace vers l'intérieur, tandis qu'elle se déplaçait vers l'extérieur. Ces planétésimaux déroutaient alors à leur tour la planète suivante qu'ils rencontraient d'une manière similaire, déplaçant les orbites des planètes vers l'extérieur alors qu'eux s'approchaient du Soleil. Ce processus continua jusqu'à ce que les planétésimaux interagissent avec Jupiter. L'immense gravité que la plus grosse planète du Système solaire exerçait alors sur eux les envoyait sur des orbites hautement elliptiques. Certains furent même éjectés hors de l'influence gravitationnelle solaire. Cela a amené Jupiter à se rapprocher significativement du Soleil. Ces objets dispersés par Jupiter sur des orbites très elliptiques forment le nuage d'Oort. Les objets dispersés sur une inclinaison moins importante par la migration de Neptune forment la ceinture de Kuiper et le disque dispersé. Ce scénario explique la faible masse de la ceinture de Kuiper et du disque dispersé. Certains des objets épars, notamment Pluton, sont devenus gravitationnellement liés à l'orbite de Neptune, les forçant à des résonances orbitales. Il est aussi possible que les frictions avec le disque des planétésimaux ait à nouveau rendu les orbites d'Uranus et de Neptune circulaires.

En contraste avec les planètes externes, les planètes telluriques, internes, n'auraient pas significativement migré durant l'évolution du Système solaires, parce que leurs orbites sont restées stables durant les périodes des impacts géants.

L'hypothèse *Grand Tack*, formulée en 2011, permet d'expliquer la petite taille de Mars par une double migration de Jupiter.

Du grand bombardement tardif à nos jours

Le *Meteor Crater* en Arizona. Il a été créé il y a 50 000 ans par un impacteur de 50 mètres de diamètre. L'accrétion du Système solaire n'est ainsi pas terminée.Les perturbations gravitationnelles issues de la migration des planètes extérieures auraient projeté un grand nombre d'astéroïdes vers le Système solaire intérieur, en appauvrissant considérablement la ceinture originale jusqu'à ce qu'elle atteigne la très faible masse qu'on lui connait aujourd'hui. Cet évènement pourrait avoir initié le « grand bombardement tardif » qui a eu lieu il y a à peu près quatre milliards d'années, c'est-à-dire de 500 à 600 millions d'années après la formation du Système solaire. Cette période de bombardement massif dura plusieurs centaines de millions d'années et est mise en évidence par les anciens cratères encore visibles sur les astres géologiquement morts du Système Solaire interne, tels que la Lune et Mercure. Les plus vieilles traces de vie sur Terre datent de 3,8 milliards d'années, quasiment immédiatement après la fin du grand bombardement tardif.

Les impacts seraient des évènements ordinaires (même si actuellement rares) de l'évolution du Système solaire. Ils continuent de se produire, comme l'illustrent des collisions telles que celle de la comète Shoemaker-Levy avec Jupiter en 1994, l'impact sur Jupiter de juillet 2009, et le *Meteor Crater* dans l'Arizona. Le processus d'accrétion est en conséquence incomplet et peut encore constituer une menace pour la vie sur Terre.

L'évolution du Système solaire extérieur semble avoir été influencée par des supernovas proches et probablement aussi par la traversée de nuages interstellaires. Les surfaces des corps du Système solaire les plus éloignés auraient éprouvé des altérations spatiales issues des vents solaires, des micrométéorites et des composants neutres du milieu interstellaire.

L'évolution de la ceinture d'astéroïdes après le grand bombardement tardif fut principalement gouvernée par les collisions. Les objets de masse importante ont une gravité suffisante pour retenir tout le matériel éjecté par de violentes collisions. Dans la ceinture d'astéroïdes, cela n'est habituellement pas le cas. Il en résulte que nombre de gros corps ont été cassés en morceaux et que, parfois, de nouveaux objets ont été forgés avec ces restes dans des collisions moins violentes63. Les lunes autour de certains astéroïdes ne peuvent actuellement être expliquées que par la consolidation de matériaux éjectés depuis l'objet d'origine sans suffisamment d'énergie pour avoir pu entièrement échapper à sa gravité.

Le Système solaire, 4,6 milliards d'années après sa formation.

Origines variées des différentes lunes

Des lunes orbitent autour de la plupart des planètes du Système solaire ainsi qu'autour de bien d'autres corps spatiaux. Ces satellites naturels sont issus de l'un des trois mécanismes possibles :

La Lune est probablement le résultat d'une collision cataclysmique entre la proto-Terre et Théia.Jupiter et Saturne ont un grand nombre de lunes, telles que Io, Europe, Ganymède et Titan, qui pourraient provenir de disques autour de chaque planète géante en grande partie de la même façon que les planètes se sont formées avec le disque autour du Soleil. Cette origine est indiquée par l'importante taille des lunes et leur proximité à leur planète. En effet, ces deux propriétés combinées ne peuvent pas être cumulées sur des lunes capturées. D'un autre côté, la nature gazeuse des planètes considérées rend impossible la création de lunes par des débris résultants de collisions. Les lunes extérieures des géantes gazeuses tendent à être petites et à avoir des orbites excentriques avec des inclinations aléatoires. Ce sont là des caractéristiques attendues pour des objets capturés. La plupart de ces lunes orbitent dans la direction opposée de la rotation de leurs planètes associées. La plus grande lune irrégulière est Triton autour de Neptune, qui serait un objet de la ceinture de Kuiper capturé.

Les lunes des corps solides ont été créées par des collisions et par des captures. Les deux petites lunes de Mars, Déimos et Phobos,seraient
des astéroïdes capturés. La Lune de la Terre aurait été formée à la suite d'une seule gigantesque collision oblique. L'objet impacteur, appelé Théia, devait avoir une masse et une taille comparables à celle de Mars, et l'impact aurait eu lieu quelques dizaines de millions d'années après la formation des planètes internes. La collision projeta en orbite une partie du manteau de Théia, qui s'agrégea pour former la Lune. Cet impact géant fut le dernier d'une série de fusions qui formèrent la Terre. Théia se serait formé sur l'un des points de Lagrange du couple Terre-Soleil (soit L4, soit L5), puis il aurait dérivé de sa position Charon, la lune de Pluton, pourrait s'être aussi formée par l'intermédiaire d'une large collision ; les couples Pluton-Charon et Terre-Lune sont les seuls

du Système solaire dans lesquels la masse du satellite est supérieure à 1 % de celle de la planète.

Futur

Les astronomes estiment que le Système solaire, tel que nous le connaissons, ne devrait pas changer profondément jusqu'à ce que le Soleil ait fusionné tout l'hydrogène de son noyau en hélium, commençant son évolution depuis la séquence principale du diagramme de Hertzsprung-Russell pour entrer dans la phase de géante rouge. Même ainsi, le Système solaire continuera à évoluer.

Évolution chaotique des orbites

L'étude des orbites des planètes s'est longtemps soldée par des échecs répétés, les observations tendant à s'écarter de tables pourtant de plus en plus précises. Ainsi l'existence de Neptune fut-elle pressentie pour corriger les errements d'Uranus. Toutefois, une fois les trajectoires des planètes correctement modélisées pour les temps actuels, la question restait posée de la régularité de ces mouvements sur le long terme. Lorsque Kepler introduit les mouvements elliptiques dans le système héliocentrique, les mouvements sont décrits comme périodiques, stables et indéfiniment réguliers. Laplace et Lagrange montrent enfin que les irrégularités observées sont des oscillations légères de la forme des orbites (excentricité).

Toutefois, lorsque les calculs de trajectoires sont effectués pour des temps reculés, les solutions font intervenir des marges d'erreurs de plus en plus importantes, de sorte que le mouvement des orbites n'est plus régulier mais chaotique. Le modèle actuel montre une divergence exponentielle des trajectoires et de l'orientation des plans orbitaux. En réalité, la stabilité apparente des résultats de Laplace et de Lagrange tient surtout au fait que leurs solutions étaient fondées sur des équations partielles. Au-delà de quelques dizaines de millions d'années, l'incertitude sur les orbites est énorme. Au cœur de ces évolutions se trouve le phénomène de résonance orbitale, qui peut engendrer des phases critiques dans l'évolution des orbites sur le long terme (voir ainsi l'exemple de Mars et l'impact sur son climat). Bien que la résonance elle-même reste stable, il devient impossible de prédire la position de Pluton avec un quelconque degré de précision après plus de 10 à 20 millions d'années, mais on sait dans quelle fourchette de valeurs elle doit se situer. Un autre exemple est l'inclinaison de l'axe terrestre qui, à cause des frictions engendrées sur le manteau terrestre par les interactions (marées) causées par la Lune (voir ci-dessous), deviendra incalculable au-delà de 1,5 à 4,5 milliards d'années.

Les orbites des planètes extérieures (Jupiter, Saturne, Uranus, Neptune) sont chaotiques à très long terme, et en conséquence elles possèdent un horizon de Lyapunov sur un intervalle de 2 à 230 millions d'années. Dans tous les cas cela signifie que la position d'une planète sur son orbite devient à terme impossible à prédire avec certitude (ainsi, par exemple la date des hivers et des étés devient incertaine), mais dans certains cas les orbites elles-mêmes peuvent changer radicalement. Ce chaos se manifeste plus fortement dans les changements d'excentricité, les orbites de certaines planètes devenant plus ou moins significativement elliptiques.

Finalement, le Système solaire externe est (quasi) stable en cela qu'aucune de ses planètes n'entrera en collision avec une autre ou ne sera éjectée du Système solaire dans les prochains milliards d'années.

Le Système solaire interne devrait connaitre une plus grande marge de chaos. Bien que dans la quasi-totalité des cas les orbites des planètes internes devraient rester dans une certaine plage de distances les unes par rapport aux autres ; dans une « probabilité » estimée (dans les modèles) à quelques %, il est possible que les orbites s'elliptisent assez pour se recouper et provoquer une déstabilisation catastrophique des orbites des planètes internes. À commencer par celle de Mercure, la plus instable, qui risque de se placer sur une trajectoire de collision avec Vénus ou le Soleil, sur plusieurs milliards d'années.

Dans la même échelle de temps, l'excentricité de Mercure pourrait croître encore davantage (dépasser 0,6), et des passages à proximité de Vénus, la Terre, et Mars pourraient théoriquement l'éjecter du Système solaire ou conduire à une collision avec ces planètes. Cela pourrait aussi amener les orbites des autres planètes internes (Vénus, la Terre, et Mars) à se dilater et se recouper, entraînant un risque de collision. Dans ces modèles, l'excentricité de Mars pourrait croître jusqu'à 0,2 et donc la faire croiser l'orbite terrestre : la Terre et Mars pourraient entrer en collision, ou bien Mars pourrait être éjectée du Système solaire. Il est aussi possible que les excentricités des orbites de Vénus et de la Terre deviennent telles qu'une collision puisse survenir.

Les systèmes anneaux-lunes

L'évolution des systèmes lunaires est pilotée par les marées. Une lune exerce une force de marée dans l'objet autour duquel elle orbite (généralement une planète), ce qui crée un renflement dû à la force gravitationnelle différentielle à travers le diamètre de la planète. Dans le même temps, un renflement plus important déforme le satellite naturel. Lorsque la lune orbite dans le sens de rotation de la planète et que celle-ci tourne plus rapidement que cette lune, le renflement, induit par la marée, sera constamment en aval de l'orbite lunaire. Dans cette situation, le moment angulaire est transféré de la rotation de la planète à la révolution du satellite. La lune gagne ainsi de l'énergie et tourne alors suivant une spirale qui l'éloigne de la planète. En contrepartie, l'énergie, cédée par la planète, réduit sa vitesse de rotation.

La Terre et la Lune illustrent cette situation. Aujourd'hui, la Terre exerce un verrouillage gravitationnel sur la Lune, où une rotation est égale à une révolution (d'environ 29,5 jours). Ainsi, la Lune montre toujours la même face à la Terre. Dans le futur, elle continuera de s'éloigner, et la rotation de la Terre continuera à ralentir graduellement. Dans 50 milliards d'années, si elles survivent à l'expansion du Soleil, la Terre et la Lune seront en résonance complète, verrouillées par la force de marée. Chacune sera prisonnière d'une « résonance rotation–orbite » dans laquelle la Lune fera le tour de la Terre en 47 jours. De plus, elles tourneront autour de leurs axes respectifs à la même vitesse et chacune montrera un seul et même hémisphère à l'autre. Les lunes galiléennes de Jupiter en sont autant d'autres exemples, ainsi que la plupart des plus petites lunes de Jupiter82 et la plupart des grandes lunes de Saturne.

Neptune et sa Lune Triton, prises par *Voyager 2*. L'orbite de Triton atteindra probablement la limite de Roche en s'approchant de Neptune. Cela brisera cette lune, formant probablement un nouveau système d'anneaux.

Deux scénarios différents peuvent avoir lieu, dans lesquels le renflement de marée est en amont de son orbite. Si le satellite naturel orbite plus vite autour de la planète qu'elle ne tourne sur elle-même, la direction du transfert du moment angulaire est inversée, aussi la rotation de la planète est accélérée alors que la vitesse de révolution de la lune est réduite. Si le satellite naturel est rétrograde, c'est-à-dire lorsqu'il orbite dans le sens contraire à celui de la planète, les moments angulaires de la rotation et de la révolution ont des signes opposés, aussi le transfert tend à réduire la magnitude des deux rotations, qui s'annulent mutuellement.

Dans chacun de ces cas, le transfert du moment angulaire et de l'énergie est conservé si l'on considère le système à deux corps dans son ensemble. Cependant, la somme des énergies correspondant à la révolution de la lune ajoutée à celle de la rotation de la planète n'est pas conservée, mais décroît au cours du temps. Cela s'explique par la dissipation de chaleur en raison des frictions générées par le mouvement du renflement de marée sur la matière dont est composée la planète. Si les planètes étaient des fluides idéaux, sans frottement, le renflement de marée serait centré sous le satellite, et aucun transfert d'énergie n'aurait lieu. C'est la perte d'énergie cinétique à travers des frictions qui rend le transfert du moment angulaire possible.

Dans les deux cas, la décélération par la force de marée entraîne la lune dans une spirale qui la rapproche de sa planète jusqu'à ce que les contraintes de marée la brisent complètement. Les satellites créent ainsi potentiellement un système d' anneaux autour de la planète à moins qu'ils ne s'engouffrent dans son atmosphère ou ne s'écrasent à sa surface. Un tel destin attend la lune Phobos de Mars dans un délai de 30 à 50 millions d'années, la lune Triton de Neptune dans 3,6 milliards d'années, la lune Métis et la lune Adrastée de Jupiter et au moins 16 petits satellites d'Uranus et de Neptune. La lune Desdémone d'Uranus peut aussi entrer en collision avec l'une de ses lunes voisines.

Une troisième possibilité est que les deux corps se soient verrouillés l'un sur l'autre. Dans ce cas, le renflement de marée reste directement sous la lune. Il n'y a alors plus de transfert de moment angulaire, et la période orbitale n'évolue plus. Le système Pluton et Charon est un exemple de ce type de configuration.

Avant la mission, en 2004, de la sonde Cassini-Huygens, il était communément admis que les anneaux de Saturne étaient bien plus jeunes que le Système solaire et qu'ils se dissiperaient dans les 300 millions d'années à venir. On pensait que les interactions gravitationnelles avec les lunes de Saturne repoussaient graduellement les anneaux extérieurs vers la planète, alors que l'abrasion par des météorites et par la gravité de Saturne balayait le reste, laissant, à terme, Saturne dépouillée. Néanmoins, les données de cette mission ont conduit les scientifiques à réviser leur point de vue initial. Les observations ont en effet révélé, sur une épaisseur de 10 km, des matériaux de glace, structurés en mottes, qui se brisent et se reforment continuellement, renouvelant les anneaux. Les anneaux de Saturne sont bien plus massifs que les anneaux de toutes les autres géantes gazeuses. Cette énorme masse aurait préservé des anneaux à Saturne depuis que la planète s'est formée, il y a 4,5 milliards d'années, et elle les préservera durant encore plusieurs milliards d'années.

Environnements solaire et planétaire

À long terme, les changements les plus importants au sein du Système solaire proviendront de l'évolution et du vieillissement du Soleil. Au fur et à mesure qu'il brûle son combustible (de l'hydrogène), il accroît sa température et brûle le carburant restant d'autant plus vite. Ainsi le Soleil élève sa luminosité de 10 % tous les 1,1 milliard d'années. Dans un milliard d'années, les radiations émises par le Soleil auront augmenté et sa zone habitable se sera déplacée vers l'extérieur, rendant la surface terrestre trop chaude pour que l'eau à l'état liquide puisse y subsister naturellement. À ce moment-là, toute forme de vie terrestre sera impossible. L'évaporation de l'eau, un gaz à effet de serre potentiel, depuis la surface des océans, pourrait accélérer l'élévation de la température, ce qui pourrait mettre fin à toute forme de vie sur Terre plus vite encore. À cette époque, il est possible que la température à la surface de Mars s'élève graduellement. Le dioxyde de carbone et l'eau actuellement gelés sous le sol martien seront libérés dans l'atmosphère, créant un effet de serre. Ce dernier réchauffera la planète jusqu'à ce qu'elle atteigne les conditions comparables à celles de la Terre aujourd'hui, offrant potentiellement un nouvel îlot possible pour la vie. Dans 3,5 milliards d'années, les conditions à la surface de la Terre seront similaires à celle de Vénus aujourd'hui.

Tailles relatives du Soleil tel qu'il est actuellement (inset) comparé à la taille (estimée) qu'il aura lorsqu'il sera devenu une géante rouge.

Dans environ 5,4 milliards d'années, le noyau du Soleil sera devenu suffisamment chaud pour engendrer la fusion de l'hydrogène dans ses couches supérieures. Cela engendrera une inflation colossale de la surface de l'étoile qui s'étendra en conséquence. À ce stade, il entrera dans une nouvelle phase de son cycle de vie, celui de géante rouge. Dans 7,5 milliards d'années, le Soleil s'étendra sur un rayon de 1,2 au, c'est-à-dire 256 fois sa taille actuelle. À l'apogée de la branche des géantes rouges, parce qu'il aura démultiplié sa surface, il aura une luminosité 2 700 fois plus importante et en conséquence il sera bien plus froid en surface (environ 2 600 K). Durant cette période de sa vie de géante rouge, le Soleil provoquera un vent solaire qui portera au loin environ 33 % de sa masse. À cette époque, il est possible que la lune Titan de Saturne puisse atteindre une température de surface nécessaire pour supporter la vie.

Alors que le Soleil s'étendra, il devrait absorber les planètes Mercure et, très probablement, Vénus. La destinée de la Terre est moins claire ; alors que le Soleil enveloppera l'orbite actuelle de la Terre, il aura perdu le tiers de sa masse (et d'attraction gravitationnelle), ce qui amènera les orbites de chaque planète à s'agrandir considérablement. En ne considérant que ce phénomène, Vénus et la Terre devraient sans doute échapper à l'incinération, mais une étude de 2008 suggère que la Terre sera néanmoins probablement absorbée à cause des interactions de marées avec le gaz ténu de l'enveloppe extérieure dilatée du Soleil.

Graduellement, l'hydrogène brûlant dans le manteau entourant le noyau solaire accroîtra la masse du noyau jusqu'à ce qu'elle ait atteint environ 45 % de la masse solaire actuelle. À ce point, la densité et la température deviendront si hautes que la fusion de l'hélium en carbone commencera, engendrant un flash de l' helium; le Soleil diminue alors d'environ 250 à 11 fois son rayon actuel. Par conséquent, sa luminosité diminue d'environ 3 000 à 54 fois son niveau actuel, et sa température de surface passera à environ 4 770 K. Le Soleil deviendra une étoile de la branche horizontale, brûlant l'hélium dans son cœur de façon stable, à la manière dont il brûle de l'hydrogène aujourd'hui. La période de fusion de l'hélium ne dépassera cependant pas 100 millions d'années. Finalement, il sera obligé de recourir à nouveau à la réserve d'hydrogène et d'hélium dans ses couches externes et va s'étendre une seconde fois, tournant dans ce qui est connu sous le nom de branche asymptotique des géantes. À ce stade, sa luminosité augmentera encore, pour atteindre 2 090 fois sa luminosité actuelle, et il refroidira jusqu'à environ 3 500 K. Cette phase durera environ 30 millions d'années, après quoi, sur une période de 100 000 ans, les couches externes du Soleil seront progressivement soufflées par impulsions, éjectant un vaste flux de matière dans l'espace et formant un halo (mal) nommé « nébuleuse planétaire ». La matière éjectée contiendra l'hélium et le carbone produits par les réactions nucléaires solaires, continuant à enrichir le milieu interstellaire avec des éléments lourds pour de futures générations de systèmes solaires.

Il s'agira d'un évènement relativement « paisible », ne s'apparentant en rien à une supernova, que le Soleil est trop petit pour poursuivre dans le cadre de son évolution. Un observateur pouvant témoigner de cet évènement aurait observé une accélération massive de la vitesse des vents solaires, mais pas assez pour complètement détruire une planète. Néanmoins la perte de masse de l'étoile pourrait engendrer le chaos dans les orbites des planètes survivantes, les amenant éventuellement à une collision, ou encore les éjectant complètement du Système solaire, à moins qu'elles ne soient complètement broyées par les forces de marées. Après quoi, tout ce qui restera du Soleil sera une naine blanche, un objet extraordinairement dense, représentant 54 % de sa masse originale dans le volume de la Terre. Initialement, cette naine blanche pourrait être 100 fois plus lumineuse que le Soleil actuel. Elle sera entièrement constituée de carbone et d'oxygène dégénérés, mais n'atteindra jamais une température suffisante pour déclencher la fusion de ces éléments. Ainsi elle se refroidira progressivement, devenant de moins en moins lumineuse

Lorsque le Soleil sera « mort », sous cette forme de « cœur mis à nu », son pouvoir d'attraction sur les corps en orbite, comme les planètes, les comètes et les astéroïdes se sera affaibli à cause de sa perte de masse dans les étapes précédentes. Toutes les orbites des planètes restantes vont s'étendre ; si Vénus, la Terre et Mars existent encore, leurs orbites seront à peu près de 1,4 au, de 1,9 au et de 2,8 au. Toutes les planètes deviendront sombres, glacées, et complètement dépourvues de toute forme de vie. Elles continueront à orbiter autour de leur étoile, leur vitesse étant réduite en raison de l'augmentation de la distance au Soleil et sa gravité réduite. Deux milliards d'années plus tard, quand le Soleil aura refroidi dans un intervalle de 6 000 K à 8 000 K, le carbone et l'oxygène dans le noyau du Soleil « gèleront », 90 % de sa masse restante devenant une structure cristalline. Finalement, après des milliers de milliards d'années supplémentaires, le Soleil cessera complètement de briller, devenant une naine noire.

Interactions galactiques

Le Système solaire voyage autour de la Voie lactée selon une orbite circulaire, à approximativement 30 000 années-lumière du centre galactique. Il lui faut au moins 220 voire 250 millions d'années pour effectuer une révolution complète, à la vitesse de 220 km/s. À ce rythme, depuis sa formation, le système a déjà réalisé au moins 20 révolutions.

Certains scientifiques ont suggéré que le cheminement du Système solaire à travers la Galaxie est l'un des facteurs expliquant les extinctions massives périodiques observées sur Terre au travers des enregistrements fossiles. Lors de ses orbites, le Soleil connaît en effet de légères oscillations verticales qui l'amènent à traverser régulièrement le plan galactique. Lorsqu'il est à l'extérieur du plan galactique, l'influence des marées galactiques est au plus faible. Lorsqu'il entre dans le disque galactique, ce qui a lieu tous les 20 à 25 millions d'années, il revient sous l'influence bien plus importante du disque galactique qui, selon certains modèles mathématiques, accroît le flux des comètes provenant du nuage d'Oort. Ce flux, alors quatre fois plus important, conduit à une augmentation importante de la probabilité d'un impact dévastateur.

Toutefois, d'autres scientifiques constatent que le Soleil est actuellement proche du plan galactique et que pourtant le dernier évènement de grande extinction remonte à 15 millions d'années. Par conséquent, la position verticale du Soleil ne saurait, à elle seule, expliquer ces extinctions périodiques. Ils retiennent alors plutôt comme déclencheur le fait que le Soleil traverse périodiquement les bras spiraux de la Galaxie. Les bras spiraux recèlent non seulement un plus grand nombre de nuages moléculaires, mais aussi une plus grande concentration de géantes bleues brillantes. Alors que la gravité des nuages peut interagir et perturber le nuage d'Oort, les géantes bleues, qui ont une plus courte durée de vie, explosent violemment en supernovas.

Collision galactique et perturbation planétaire

La fusion de la Voie lactée et d'Andromède engendrera un trou noir supermassif qui modifiera le milieu interstellaire où le Système solaire évoluera.

Bien que la grande majorité des galaxies de l'univers observable s'éloignent rapidement de la Voie Lactée, la galaxie d'Andromède, le plus grand membre du Groupe local, se dirige vers nous à la vitesse de 120 km/s. Dans 2 milliards d'années, Andromède et la Voie lactée devraient entrer en collision, les amenant toutes les deux à se déformer, leurs bras extérieurs distordus par les forces de marées dans de vastes queues de marée. Si cette perturbation initiale a lieu, les astronomes établissent à 12 % les chances que le Système solaire soit tiré à l'extérieur, dans la queue de marée de la Voie lactée et à 3 % les chances qu'il devienne gravitationnellement lié à Andromède et donc partie intégrante de cette galaxie. Après une nouvelle série de secousses gravitationnelles, au cours de laquelle la probabilité d'éjection du Système solaire passe à 30 %, un trou noir supermassif émergera. Finalement, en environ 7 milliards d'années, la Voie Lactée et Andromède termineront leur fusion en une gigantesque galaxie elliptique. Au cours de la fusion, la gravité accrue va forcer le gaz (s'il est en quantité suffisante) à se concentrer au centre de la galaxie elliptique en formation. Cela devrait conduire à une période d'intense formation d'étoiles appelée une galaxie à sursaut de formation d' etoiles. En outre, le gaz, en s'engouffrant dans le trou noir nouvellement formé, va le nourrir, le transformant en une galaxie active. La violence de ces interactions poussera probablement le Système solaire dans le halo externe de la nouvelle galaxie, le laissant relativement épargné par les rayonnements provenant de ces collisions.

Il serait faux de croire que cette collision peut perturber les orbites des planètes au sein du Système solaire. Si la gravité des étoiles de passage peut détacher des planètes dans l'espace interstellaire, les distances entre les étoiles sont si grandes que la probabilité que la collision de la Voie Lactée et d'Andromède cause des perturbations à un système d'étoiles donné est négligeable. Bien que le Système solaire dans son ensemble puisse être affecté par ces évènements, le Soleil et les planètes ne devraient pas être dérangés.

Toutefois, au fil du temps, la probabilité cumulative d'une rencontre fortuite avec une étoile augmente, et la perturbation des planètes devient pratiquement inévitable. En supposant que le scénario du Big Crunch (ou effondrement terminal) ou bien du grand déchirement annonçant la fin de l'Univers ne se produise pas, les calculs indiquent que la gravité des étoiles de passage aura complètement dépouillé le Soleil mort de ses planètes restantes d'ici un million de milliards (1015) d'années. Ce point marque alors la fin du « Système solaire ». Bien que le Soleil et les planètes puissent y survivre, le Système solaire, tel que nous le concevons, cessera d'exister.

Paradoxe du jeune Soleil faible

Au début de l'Archéen, le Soleil avait un rayonnement 30 % moins intense qu'aujourd'hui.

Le **paradoxe du jeune Soleil faible** désigne la contradiction apparente entre l'observation d'eau liquide tôt dans l'histoire de la Terre et les estimations astrophysiques suggérant que le Soleil ne brillait, au début de la création du Système solaire, qu'à 70 % de son intensité actuelle, n'augmentant que d'environ 7 % par milliard d'années1. Le problème a été soulevé par des astronomes et en 1972. Pour résoudre ce paradoxe, il est habituellement invoqué un réchauffement par effet de serre, des influences astrophysiques ou une combinaison des deux.

La question non résolue est de savoir comment un climat propice à la vie, nécessitant *a priori* de l'eau à l'état liquide, a été maintenu sur la Terre pendant un temps prolongé en dépit des variations d'énergie solaire et des conditions terrestres3.

Rayonnement solaire primitif et effet sur la Terre

Au début de l'histoire de la Terre, le Soleil avait une luminosité plus faible, représentant seulement 70 % de son intensité actuelle. En effet, selon le modèle solaire standard **(en)**, les étoiles semblables au Soleil s'illuminent progressivement tout au long de la période de leur séquence principale, en raison de la contraction du noyau stellaire causée par la fusion.

Dans les conditions environnementales existantes à cette époque, ce rayonnement solaire aurait donc été insuffisant pour maintenir un océan liquide. Car avec la luminosité solaire d'il y a 4 milliards d'années, telle qu'estimée à ce jour, et les concentrations de gaz à effet de serre similaires à celles observées actuellement sur Terre, toute eau liquide exposée à la surface aurait gelé. Or les astronomes Carl Sagan et George Mullen soulignent en 1972 que cette supposition va à l'encontre des données géologiques et paléontologiques, qui indiquent la présence d'eau liquide, puisque l'histoire géologique de la Terre indique en permanence une surface relativement chaude dans le registre de température complet de la Terre, à l'exception d'une période glaciaire, la glaciation huronienne, il y a environ 2,4 à 2,1 milliards d'années. Des sédiments déposés par l'eau ont ainsi été trouvés datant au plus tôt d'il y a 3,8 milliards d'années, et des traces de formes de vie primitives ont été trouvées dans des strates vieilles de 3,5 milliards d'années, dont les proportions en isotopes du carbone sont tout à fait conformes à ce qui se trouve aujourd'hui.

Hypothèse de l'effet de serre

Lors de sa formation, l'atmosphère terrestre pourrait avoir contenu plus de gaz à effet de serre qu'aujourd'hui ce qui aurait compensé la faible activité du Soleil et permis la présence d'eau liquide et l'apparition de la vie. Ainsi pour contrecarrer ce manque d'énergie de la jeune étoile, les concentrations de dioxyde de carbone devraient avoir été 1 000 fois plus élevées qu'aujourd'hui, avec une pression partielle au moins autour de 39 kPa (0,39 bar).

En 2020, une étude passe en revue le problème à la lumière des contraintes géologiques et géochimiques les plus récentes sur l'atmosphère de la Terre primitive, des modèles climatiques mondiaux à trois dimensions et des modèles du cycle du carbone. Elle conclut qu'une concentration élevée en CO2 est bien la bonne explication, et que le problème du jeune Soleil faible est essentiellement résolu, pour ce qui concerne la Terre. Des contraintes supplémentaires sur l'atmosphère archéenne et des modèles 3D entièrement couplés atmosphère-océan restent cependant nécessaires pour valider cette conclusion.

Diazote

Une forte pression partielle de diazote aurait pu augmenter l'effet de serre mais l' « analyse d'isotopes d'azote et d'argon trouvés dans les inclusions fluides piégés dans des cristaux de quartz hydrothermal datant de 3,0 à 3,5 milliards d'années » en 2013 a permis de conclure que « le diazote n'avait vraisemblablement pas joué un rôle significatif dans l'effet de serre de l'ancienne Terre. La pression partielle du CO2 archéen était par contre probablement juste inférieure à 0,7 bar ». Burgess, l'un des auteurs, indique que « la quantité d'azote dans l'atmosphère était trop faible pour accentuer l'effet de serre du dioxyde de carbone et entraîner un réchauffement de la planète. Cependant, nos résultats montrent que la quantité de dioxyde de carbone dans l'atmosphère, à l'inverse des estimations basées sur des sols fossiles, pourrait avoir été assez élevée pour contrer les effets du faible Soleil ». Ces résultats nécessitent cependant d'être confirmés.

Volcanisme

Les volcans sont la source principale de CO_2 atmosphérique à l'échelle géologique.

Certes cette injection de gaz carbonique dans l'atmosphère est normalement contrecarrée par différents mécanismes chimiques, tels que la photosynthèse ou l'érosion des roches silicatées telles que les plagioclases, mais ces deux mécanismes n'étaient pas actifs lors de l'Hadéen, en effet :

la photosynthèse bactérienne permet, au phanérozoïque actuel, de convertir de grandes quantités de gaz CO_2 en carbone organique et en oxygène gazeux, mais il y a 3,5 milliards d'années une telle photosynthèse n'existait pas encore sur Terre.

l'érosion des roches silicatées constitue le plus important puits de CO_2 (processus chimique qui permet d'éliminer les plus grandes quantités de CO_2 de l'atmosphère), mais la jeune Terre étant à l'Hadéen une planète-océan, il n'y avait pas encore de continents (les continents n'étant apparus qu'il y a environ 3 milliards d'années, ce qui coïncide justement avec une diminution des concentrations de CO_2) et donc pas d'érosion des roches silicatées : en effet les gouttes de pluie chargées de CO_2 ne peuvent éroder les silicates qu'en les atteignant au sol. Considérons par exemple l'altération de l'anorthite (silicate calcique) :Deux moles de CO_2 sont consommées pour altérer une mole d'anorthite. Lorsque HCO_3^- arrive en mer par dérive des plaques tectoniques, il se produit une précipitation de calcite $CaCO_3$ suivant la réaction :Cette réaction libère ainsi une mole de CO_2 mais fixe la mole restante.Il n'y avait donc pas de processus actifs identifiables à l'Hadéen permettant de réduire les concentrations de CO_2 atmosphériques générées. De grandes quantités de CO_2 pouvaient donc s'accumuler dans l'atmosphère et produire ainsi un puissant effet de serre.

Méthane et ammoniac

D'autres gaz pourraient avoir contribué à l'effet de serre de la jeune Terre. Le méthane, un gaz à effet de serre très actif qui réagit avec l'oxygène pour produire du dioxyde de carbone et la vapeur d'eau, pourrait avoir été plus répandu qu'aujourd'hui, avec des concentrations de l'ordre de 100 parties par million en volume. Or en l'absence d'oxygène, quasi absent dans l'atmosphère à l'Hadéen, le méthane est plus stable (actuellement la durée de vie du méthane dans l'atmosphère est d'environ 10 ans). La source du méthane pourrait avoir été les archaeas mais avant l'apparition de la vie il ne semble pas exister de sources évidentes pour la présence éventuelle de méthane.

L'ammoniac a également été proposé mais l'ammoniac comme le méthane sont des gaz fragiles qui sont dégradés par les ultraviolets du rayonnement solaire. Ces gaz ne peuvent donc pas avoir joué un rôle majeur sans source importante. L'ammoniac est donc disqualifié.

Sulfures

Basé sur une étude des isotopes géologiques du soufre, un groupe de scientifiques de l'université de Tokyo a proposé en 2009 que le sulfure de carbonyle (OCS) fût présent dans l'atmosphère archéenne. Le sulfure de carbonyle est un gaz à effet de serre efficace et les scientifiques estiment que l'effet de serre additionnel aurait été suffisant pour empêcher la Terre de geler.

Chaleur radiogénique

La chaleur radiogénique issue de la désintégration de 4 isotopes affectant la chaleur interne de la Terre au fil du temps. Dans le passé, la contribution du 40K et 235U était beaucoup plus élevée et la production globale de chaleur radiogénique était donc plus élevée.

Une seconde piste d'explication réside dans la chaleur radiogénique sur la jeune Terre :

Dans le passé, la libération de l'énergie géothermique issue de la chaleur de désintégration émis par des isotopes du potassium 40, d'uranium235 et d'uranium 238 était considérablement supérieure à ce qu'elle est aujourd'hui. Le rapport isotopique entre U238 et U235 était également considérablement différent de ce qu'il est aujourd'hui.

Ce rapport est équivalent à celui de l'uranium faiblement enrichi moderne. Par conséquent, le minerai d'uranium naturel sur la jeune Terre aurait été capable de former des réacteurs de fission nucléaire naturels avec de l’eau légère commune pour modérateur. Toute tentative d'explication du paradoxe du jeune Soleil doit donc tenir compte des contributions radiogéniques, à la fois de la chaleur de désintégration naturelle et de l’existence potentielle de réacteurs de fission nucléaire naturels.

Effets de marée

La Lune était beaucoup plus proche de la Terre lors de sa genèse il y a quelques milliards d'années. Cette proximité a vraisemblablement produit des effets de marée importants qui pourraient avoir augmenté la chaleur interne de la Terre et contribué à son réchauffement.

Rayons cosmiques

Une explication alternative soutenue par une minorité de scientifiques et proposée par le physicien américano-israélien Nir Shaviv s'intéresse aux influences climatologiques du vent solaire. Cette hypothèse s'appuie sur les travaux du physicien danois Henrik Svensmark sur les effets de refroidissement des rayons cosmiques. Selon Shaviv, le jeune Soleil émettait un vent solaire plus intense qui pourrait avoir eu un effet protecteur contre les rayons cosmiques et donc une réduction de leurs effets refroidissant sur la Terre. Durant cet âge précoce, un effet de serre modéré, comparable à celui que l'on connaît aujourd'hui, aurait été suffisant pour expliquer une Terre vierge de glace d'après Nir Shaviv. La preuve de vents solaires plus soutenus aurait été trouvée dans des météorites.

La température minimale atteinte il y 2,4 milliards d'années semble corrélée avec un flux de rayons cosmiques plus intense lié à un taux de formation d'étoiles plus élevé dans la Voie lactée. La réduction d'intensité des vents solaires ultérieure aurait entraîné un impact plus fort du flux de rayons cosmiques (CRF), supposé conduire à des variations climatiques.

Perte de masse solaire

Un modèle alternatif d'évolution solaire pourrait résoudre différemment le paradoxe du jeune Soleil faible. D'après ce modèle, le jeune Soleil aurait subi une période de production prolongée de vents solaires plus intenses, ce qui aurait entraîné une perte de masse du Soleil de l'ordre de 5 à 10 %. Or une masse plus importante du Soleil à l'origine aurait assuré une production d'énergie proportionnellement plus élevée, et donc des niveaux plus cohérents de luminosité solaire.

Cependant pour expliquer les conditions chaudes durant tout l'éon archéen, cette perte de masse doit d'être étalé sur un intervalle d'environ un milliard d'années. Or les traces d'implantation ionique dans les météorites et les échantillons lunaires montrent qu'un taux élevé de vent solaire n'a duré que pendant une période de 0,1 milliard d'années. De plus, des observations de la jeune étoile similaire au Soleil π1 Ursae Majoris, ont montré le même taux de déclin de production de vent stellaire

(~ 0,1 milliard d'années), ce qui soutient que le Soleil ne peut avoir perdu autant de masse que nécessaire pour résoudre le paradoxe.

Albédo de surface inférieur

L'examen des sédiments Archéens apparaît incompatible avec l'hypothèse de fortes concentrations de gaz à effet de serre. Au lieu de cela, la plage de températures modérées pourrait être expliquée par un albedo de surface inférieur provoqué par une surface continentale absente ou moindre et le « manque de noyaux de condensation de nuages induits biologiquement ». Ces phénomènes auraient entraîné une augmentation de l'absorption de l'énergie solaire, compensant ainsi la production solaire inférieure.

Chapitre /2
Pangée

La **Pangée** (prononcé en français : /pɑ̃.ʒe/) est un supercontinent formé au Carbonifère de la collision de la Laurussia et du Protogondwana et ayant regroupé presque toutes les terres émergées. Il subit une fragmentation en deux temps : au début du Mésozoïque (Trias), l'ouverture de la Téthys, selon un axe Est-Ouest, sépare la Laurasia au nord et le Gondwana au sud ; au Cénozoïque, l'ouverture de l'océan Indien s'accompagne de la migration de la plaque indienne vers le Nord, tandis que l'ouverture de l'Atlantique sud s'accompagne d'une remontée de la plaque arabo-africaine et de la fermeture de la Néo-Téthys, conduisant à la formation de la ceinture alpine.

Étymologie

Le nom « Pangée », qui signifie littéralement « toutes les terres », vient du grec ancien πᾶν (*pân*), « tout », et γαῖα (*gaïa*), « terre », qui devient en latin *pangaea*.

Concept

On doit le concept et le nom de Pangée au météorologue et astronome allemand de l'université de Marbourg, Alfred Wegener. Le concept de Pangée apparaît, pour la première fois, dans une publication de 1912. Dans son ouvrage intitulé *La Genèse des continents et des océans,* publié en 1915, il décrit la Pangée comme rassemblant la quasi-totalité des terres émergées, qui a existé de la fin du Carbonifère au début du Permien, il y a 290 millions d'années. Le mot Pangée (*Pangäa*) apparaît dans l'édition 1920 de sa *Genèse*.

La théorie de Wegener fut rejetée par les géologues de l'époque. C'est seulement 40 ans plus tard que des géophysiciens démontrèrent que la dérive des continents était due à la tectonique des plaques et que la théorie de Wegener fut vérifiée et admise.

Formation

Sa formation est due à la collision des supercontinents Protogondwana et de Laurussia qui eut lieu au début du Carbonifère (orogenèse hercynienne), fermant l'océan Centralien et élevant d'imposantes chaînes de montagnes, dites hercyniennes, allant des Appalaches au massif silésien. À la même époque, le craton sibérien et Kazakhstania entrent en collision avec Laurussia sur son bord oriental, fermant l'océan Ouralien et élevant la chaîne de l'Oural. À la fin du Permien, la formation de la Pangée est achevée. On nomme le vaste océan entourant la Pangée Panthalassa (ancêtre de l'océan Pacifique) et le vaste océan situé à l'est, dans le creux du croissant formé par la Pangée, océan Téthys. La formation du supercontinent Pangée a eu des conséquences importantes sur la vie : la longueur des côtes, et donc la superficie des eaux côtières qui abritent la majorité des espèces marines, ont été considérablement réduites. Il s'est ensuivi une importante extinction marine. Enfin, sur terre, l'éloignement des terres de la Pangée centrale (Amérique du Nord, Amérique du Sud et Afrique) par rapport à la mer a conduit à une forte baisse des précipitations dans ces régions et, donc, à l'expansion de gigantesques déserts.

Il aura fallu plus de 200 Ma pour rassembler tous les morceaux de la Pangée, soit de l'Ordovicien au Permien. Il en faudra 200 autres, soit de la fin du Trias à aujourd'hui, pour disperser les morceaux de

la Pangée, une dispersion qui se poursuit toujours. Puisque ces événements sont plus près de nous dans le temps, nous avons des informations plus détaillées, d'autant plus que cette fois nous connaissons les planchers océaniques.
Au Trias et au début du Jurassique, les principaux mouvements se sont faits du côté de la Téthys, un océan à l'est de la Pangée.

Géographie de la Pangée au Permien

Après sa formation, au Permien, la quasi-totalité des terres sont parties intégrantes de la Pangée. Seules le craton du Yangtsé (Chine méridionale), la Chine du Nord, une partie de l'Indochine et, plus tard, le terrane de Cimmérie sont à part, dans l'océan Téthys. La Pangée prend la forme d'un C, dont le centre est sur l'équateur. Elle est barrée, au niveau de l'équateur, d'une vaste chaîne de montagnes courant d'est en ouest, la chaîne hercynienne. Toute la zone centrale, du 40° sud au 40° nord, est formée de vastes déserts qui couvrent la majorité des actuelles Amérique du Nord, du Sud, Afrique et Europe. Le nord de l'Europe (zone de la mer du Nord) est recouvert d'une mer intérieure peu profonde, très salée, et épisodiquement reliée à l'Océan. L'Europe est séparée de la Sibérie par une étroite mer peu profonde, qui relie Panthalassa au nord de la Téthys. Cette mer est bordée du côté sibérien par la chaîne de l'Oural. La Sibérie, l'Antarctique et l'Inde jouissent d'un climat tempéré.

Vie animale

La Pangée, qui apparaît à la fin du Carbonifère et au début du Permien, est recouverte de grandes forêts tropicales luxuriantes. La hausse du taux de dioxygène libéré dans l'air par les forêts (30 % d'oxygène de plus que de nos jours) favorise le gigantisme de certaines espèces dont, parmi les insectes et
les arthropodes: Meganeura,Mesothelae,Arthropleura. Le gigantisme ne s'étend toutefois pas à toutes les espèces. Les paléontologues ont mis au jour dans les terrils de l'ancienne mine de charbon d'Avion dans le Pas-de-Calais, des insectes qui vivaient il y a environ 320 Ma, à l'époque où la Pangée était en voie de formation. On y trouve des libellules géantes mais aussi de très petits insectes mesurant entre 4 et 14 mm tels qu'une guêpe baptisée Avioxyela gallica.

Concernant les tétrapodes, les sites fossilifères de Karoo en Afrique du Sud et de Perm en Russie montrent que des faunes quasi identiques ont vécu au Sud et au Nord de la Pangée. Les sites d'Argana au Maroc et de Maradi au Niger révèlent des animaux qui vivaient spécifiquement au centre du supercontinent, par exemple les stégocéphales, des amphibiens carnivores d'un mètre de long environ qui ressemblent aux crocodiles et aux salamandres sans leur être apparentés. Divers reptiles ainsi que des réptiles mammaliens occupaient également le centre de la Pangée.

Dans la faune d'Argana, on trouve aussi le genre Arganaceras, proche parent du Scutosaurus et des tortues ; et ailleurs, des reptiles tels que le Petrolacosaurus et des amphibiens comme l'Eryops.

Au début de la période permienne, le Petrolacosaurus donne l'Edaphosaurus, reptile géant herbivore de 3 m avec une voilure dorsale, qui conquerra pratiquement la totalité de la planète vers -280 millions d'années. Le dimetrodon (souvent confondu avec un dinosaure) est un des premiers « reptiles mammaliens », un redoutable prédateur, le plus grand de son temps. La

Terre est également peuplée d'insectes de petite taille et de végétaux comme les conifères primitifs.
La fin de la période permienne est marquée par une extinction de masse, la plus grande de tous les temps, qui condamne plus de 90 % des espèces. À cette époque, vers -250 millions d'années, la Pangée est recouverte du plus grand désert ayant existé, les êtres vivants doivent faire face à une grande sécheresse et canicule.
À cette époque vivent le Scutosaurus (ancêtre des tortues), reptile d'une tonne vivant en horde ; des Thérapsides comme le Diictodon, petit reptile mammalien fouisseur de 50 cm, vivant en couple dans des terriers ; le Lystrosaurus ; le labyrinthodonte, un amphibien géant s'apparentant au crocodile ; le Gorgonopsien (évolution du dimétrodon), un reptile mammalien de 5 m de long ; le Thrinaxodon, sans doute apparenté à l'ancêtre du premier mammifère.
Durant la période Triassique (jusqu'à -250 millions d'années) vivent l'Euparkeria, le premier reptile bipède, qui évoluera en Staurikosaurus, le tout premier dinosaure ; le Chasmatosaurus, le Proterosuchus et le Rutiodon (des reptiles similaires aux crocodiles) ; le tout premier vrai mammifère,

le Megazostrodon ; les Eudimorphodons (les premiers vertébrés à voler) et le Desmatosuchus.

Dislocation

La Pangée commence à se fracturer dès la fin du Permien mais de manière véritablement intense uniquement à la fin du Trias (~200 millions d'années) par des systèmes de rifts séparant l'Amérique du Nord et l'Afrique. Ce rift devait être semblable à l'actuel rift de la vallée du Jourdain et la mer Morte, car situé aux mêmes latitudes tropicales désertiques. À cet endroit seront retrouvées beaucoup d'évaporites. Ce rift a ouvert l'océan Atlantique nord et séparé la partie nord de la partie sud de la Pangée pour former deux nouveaux supercontinents : le Gondwana et la Laurasia. L'ouverture de cet océan a ramené l'humidité dans les régions arides.

Conséquences

Du point de vue climatique, l'existence de plusieurs masses continentales favorise les courants océaniques, et les interactions entre le milieu marin et continental, apportant des précipitations et multipliant les chances de voir apparaître de nouvelles espèces. Certaines, comme les marsupiaux, ont évolué de façons indépendantes en Australie et en Amérique du Sud, qui étaient isolées des autres masses continentales. Les changements climatiques induits par la dislocation de la Pangée ont également joué un rôle important dans l'émergence et la diversification des plantes à fleurs.

La similitude des géologies entre la côte ouest africaine et la côte est d'Amérique latine[7] pousse les géologues à inférer la présence de pétrole offshore sur toute la côte ouest africaine. Le cas de l'Angola validant en partie cette théorie, l'exploration des eaux profondes namibiennes fut alors lancée dès 2011.

Chapitre /3
Évolution des bactéries

L'évolution des bactéries se déroule sur des milliards d'années depuis l'époque précambrienne, avec leur première divergence majeure par rapport à la lignée archéenne/eucaryote, il y a environ 3,2 à 3,5 milliards d'années. Le séquençage génétique de nucléoïdes bactériens a permis de reconstituer leur phylogénie. En outre, des preuves de microfossiles perminéralisés de procaryotes précoc es ont également été découvertes dans le craton de Pilbara en Australie (*Apex Chert*), remontant à environ 3,5 milliards d'années au cours de la période du précambrien. Cela suggère qu'un organisme du phylum Thermotogota (anciennement *Thermotoga e*) était l'ancêtre commun le plus récent des bactéries modernes.

Une analyse chimique et isotopique plus approfondie des roches anciennes révèle qu'à l'époque sidérienne, il y a environ 2,45 milliards d'années, l'oxygène était apparu. Cela indique que les cyanobactéries photosynthétiques océaniques ont évolué au cours de cette période parce qu'elles ont été les premières à rejeter de l'oxygène comme sous-produit de leur processus métabolique. On pense donc que ce phylum était prédominant, il y a environ 2,3 milliards d'années. Cependant, certains scientifiques affirment qu'elles auraient pu vivre il y a 2,7 milliards d'années, avant le grand événement d'oxygénation, ce qui signifie que les niveaux d'oxygène ont eu le temps d'augmenter dans l'atmosphère avant d'altérer l'écosystème de l'époque.

L'augmentation de l'oxygène atmosphérique a a eu pour conséquences l'évolution des *Pseudomonadota* (anciennement *protéobactéries*). Aujourd'hui, ce phylum comprend de nombreuses bactéries fixatrices d'azote, agents pathogènes et micro-organismes libres. Ce phylum a évolué il y a environ 12,5 milliard d'années, à l'époque paléoprotérozoïque.

Cependant, diverses théories antagonistes persistent concernant l'origine des bactéries. Bien que des microfossiles de bactéries anciennes aient été identifiés, certains scientifiques soutiennent que l'absence de morphologie clairement identifiable dans ces fossiles limite leur fiabilité pour établir une chronologie évolutive précise des bactéries. Néanmoins, les progrès technologiques récents ont facilité la découverte de nouvelles preuves.

Définition des bactéries

Les bactéries sont des microorganismes procaryotes ayant la forme d'un bacille, d'un spirille ou d'un cocci et pouvant mesurer entre 0,5 et 20 micromètres. Elles ont été parmi les premières cellules vivantes à évoluer et se sont répandues pour habiter une grande variété d'habitats, notamment des monts hydrothermaux, des roches glaciaires et d'autres organismes. Elles partagent des caractéristiques avec les cellules eucaryotes, notamment le cytoplasme, la membrane cellulaire et les ribosomes. Certaines caractéristiques bactériennes uniques incluent la paroi cellulaire (également présente dans les plantes et les champignons), les flagelles (pas communs à toutes les bactéries) et le nucléoïde

Les bactéries peuvent se métaboliser de façons variées, le plus souvent par Les bactéries se reproduisent par fission binaire, même si elles peuvent toujours partager des informations génétiques entre individus soit par transduction, transformation ou conjugaison de nouvelles adaptation.

Processus d'évolution bactérienne

Les bactéries évoluent grâce à un processus similaire à celui des autres organismes, à savoir la sélection naturelle, par laquelle des adaptations bénéfiques sont transmises aux générations futures jusqu'à ce que le caractère nouveau devienne commun au sein de l'ensemble de la population. Cependant, comme les bactéries se reproduisent par fission binaire, forme de multiplication asexuée, la cellule fille et la cellule mère sont génétiquement identiques. Ce fait rend les bactéries sensibles aux pressions environnementales, un problème qui peut être surmonté par le partage d'informations génétiques par transduction, transformation ou conjugaison. De nouvelles adaptations génétiques et physiques apparaissent donc, leur permettant de s'adapter à leur environnement et d'évoluer. De plus, les bactéries peuvent se reproduire en un temps très court de 20 minutes, permettant une adaptation rapide, et impliquant que de nouvelles souches de bactéries peuvent évoluer rapidement. Ce phénomène est un problème récurrent car les bactéries deviennent Résistance aux antibiotiques.

Bactéries thermophiles provenant des évents des grands fonds. Cet organisme consomme du soufre et de l'hydrogène et fixe son propre carbone à partir du dioxyde de carbone.

Chapitre /4

Histoire évolutive des dinosaures

Parmi les vertébrés tétrapodes amniotes, les dinosaures fontpartiedela division des archosaures et de la classe des *Avemetatarsalia*, différant ainsi des crocodiliens et des ptérosaures (eux aussi archosauriens)et encore plus des plésiosaures (diapsides marins non-archosaures).

Les dinosaures se différencient à la fin du Trias moyen, il y a 232 à 234 Ma. À l'exception des oiseaux, ils disparaissent lors de l'extinction Crétacé-Tertiaire à la fin du Crétacé (vers 66 Ma). La conservation d'un grand nombre de fossiles permet de bien connaître les dinosaures, qui se distinguent par diverses caractéristiques comme la présence de deux fosses temporales, ou l'élongation de la crête deltopectorale sur l'humérus.Évolution des premiers dinosaures au sein des archosaures

Les fossiles des premiers archosaures comme les Proterosuchidae, *Erythrosuchidae* ou *Euparkeria*, âgés de 250 Ma permettent de reconstituer l'histoire évolutive des premiers dinosaures. Des archosaures du Trias moyen, comme *Ticinosuchus* sont eux vieux de 232 à 236 Ma.

On ne sait pas si les archosaures du Trias *Lagosuchus* qui vécut il y a 250 Ma et *Spondylosoma* qui vécut entre 235 à 242 Ma, étaient ou non des dinosaures. *Nyasasaurus* du Trias moyen il y a 243 Ma possède une parenté importante avec les dinosaures sans qu'il soit possible de trancher avec certitude son appartenance au clade *Dinosauria*3.

Les plus anciens dinosaures confirmés sont des saurischiens : *Saturnalia* 225-232 Ma, *Herrerasaurus* 220-230 Ma, *Staurikosaurus* vers 225-230 Ma, *Eoraptor* 220-230 Ma et *Alwalkeria* 220-230 Ma. Il s'agissait de bipèdes carnivores d'un ou deux mètres de long, qui ont vécu vers le début du Trias supérieur. Leur classification est difficile, ce n'est qu'avec les dinosaures de la fin du Trias qu'on sait déterminer précisément les théropodes et les sauropodomorphes. Ceux-ci ressemblaient cependant plus aux ornithischiens qu'aux saurischiens ultérieurs, d'un point de vue du squelette, une des principales différences avec les ornithischiens résidant dans les os du bassin, l'autre dans la forme du crâne.

On connait peu d'ornithischiens au Trias. La première et seule espèce connue à ce jour est *Pisanosaurus* vers 220-230 Ma. Bien que *Lesothosaurus* soit daté de 195-206 Ma, c'est-à-dire le Jurassique inférieur, l'analyse de son squelette suggère une branche des ornithischiens au moins aussi ancienne que *Pisanosaurus*. L'illustration ci-dessous montre les différences de squelette entre deux dinosaures primitifs, saurischiens et ornithischiens.

Saurischiens

En dehors de quelques saurischiens primitifs, on sépare les saurischiens en Sauropodomorphes et les Théropodes. Parmi les Sauropodomorphes, on distingue les Prosauropodes qui ont vécu les premiers, puis les Sauropodes. L'histoire évolutive des théropodes est plus complexe. En 2004, *Dinosauria* les sépare en Ceratosauria, Tetanurae, Tyrannosauridés, Ornitho mimosaures, Therizinosauridae, Oviraptorosaures, Tro odontidés, Dromaeosauridés et Avialae.

Sauropodomorphes

Les premiers sauropodomorphes étaient des prosauropodes. Les fossiles de prosauropodes ont été retrouvés de la fin du Trias au début du Jurassique, il y a 227-180 Ma2. Ils étaient bipèdes ou quadrupèdes, avec de longs cous et de longues queues, et une tête relativement petite. Ils faisaient entre 2,5 et 10 mètres et étaient majoritairement herbivores. Par exemple, *Thecodontosaurus*, un des premiers prosauropodes, qui vivait il y a 205-220 Ma était bipède et avait un rapport tête/corps élevé.

Les sauropodes étaient des gigantesques quadrupèdes herbivores, allant jusqu'à 26 mètres de long. Le ratio entre la longueur de leurs pattes avant et arrière était au minimum supérieur à 0,6. Des fossiles de sauropodes ont été trouvés de 227 Ma jusqu'à la grande extinction de la fin du Crétacé, cependant les plus connus ont vécu au Jurassique, entre 227 et 121 Ma. Les sauropodes sont connus pour avoir été très grands, mais avoir gardé une tête relativement petite. Les images suivantes montrent l'évolution de la longueur totale et de la taille du crâne en fonction du temps.On ne sait pas si l'augmentation de la taille des sauropodomorphes, prosauropodes puis sauropodes, était liée à leur alimentation herbivore, mais ils ont été touchés par les extinctions de la fin du Jurassique.

Théropodes

Les plus anciens fossiles de théropodes sont ceux de Coelophysoidea, incluant *Coelophysis* et d'autres espèces de la fin du Trias au début du Jurassique, entre 227 et 180 Ma. L'analyse des clades les relie aux Ceratosauria. Ils sont suivis par les Tetanurae primitifs, dont les fossiles ont été retrouvés de la moitié du Jurassique à la fin du Crétacé, entre 180 et 94 Ma. Ils sont caractérisés par une rangée de maxillaires relativement courtes. Parmi eux on dénombre les Megalosauridae, spinosauridés, divers clades des allosaures, et plusieurs genres à la proximité moins sûre, comme le *Compsognathus*. À l'exception de ce dernier, toutes les espèces étaient de grande dimensions.
La grande radiation évolutive des Coelurosauria s'est probablement déroulée entre la moitié et la fin du Jurassique, car *Archaeopteryx* a vécu entre 152 et 154

Ma, et les analyses cladistiques ont montré que beaucoup de groupes des Coelurosauria ont divergé avant cette période6. Des fossiles retrouvés en Chine suggèrent que les premiers dinosaures à plumes faisaient partie des Coelurosaures primitifs. Les tout premiers, notamment le Tyrannosauridae Dilong, n'avaient que des tiges creuses, qui ne permettaient pas le vol, et servaient plus probablement à l'isolation thermique.

Certaines analyses semblent montrer que la branche des Tyrannosauridae s'est séparée des autres théropodes tôt, vers la moitié du Jurassique, bien qu'on manque de squelettes complets qui permettraient de le confirmer. *Eotyrannus* a vécu entre 127 et 121 Ma, et les dinosaures semblables aux Tyrannosaures n'apparaissent pas avant 84 Ma, à la fin du Crétacé. On retrouve des fossiles d'Ornithomimosauria de 127 à 65 Ma, la branche la plus ancienne étant supposée être *Harpymimus*. Les Therizinosauroidea sont une branche des théropodes majoritairement végétariens, dont les espèces représentantes ont vécu entre 127 et 65 Ma. Des fossiles d'oviraptors ont été retrouvés entre 127 et 65 Ma, possédant un crâne sans dents, et une queue étrangement courte. Les Deinonychosaures, nommés d'après la grosse griffe du second doigt de leurs pattes, sont proches des oiseaux fossiles. Ils sont divisés en Troodontidae et Dromaeosauridae. Les fossiles de troodontidés sont datés de 127 à 65 Ma avec un corps plus élancé et des membres plus puissants. La plus ancienne espèce connue de Troodon est le *Sinornithoides*. Les fossiles de Dromaeosauridés sont datés de 127 à 65 Ma, à l'exception d*Utahraptor* qui vécut entre 144 et 127 Ma.

Si l'on prend comme définition des dinosaures seulement les saurischiens et les ornithischiens, et si l'on considère que les oiseaux descendent du taxon paraphylétique des thécodontes (hypothèse de la différenciation très précoce des oiseaux), alors ces derniers ne font pas partie de la lignée des dinosaures7. Quoi qu'il en soit, les premiers oiseaux (Avialae) incluent Aves et Epidendrosaurus. Les oiseaux apparaissent dans le registre fossile vers 154 Ma, survivent à la crise K-T il y a 66 Ma et sont encore représentés actuellement. Plusieurs squelettes complets de *Confuciusornis* ont été retrouvés, ce qui permet d'en savoir plus sur la famille des Ornithurae.

Ornitischiens

Les Ornithischiens, comme leur nom l'indique, sont des dinosaures ayant un bassin ressemblant à celui des oiseaux. Cependant, les oiseaux ne font pas partie des ornitischiens. Leur crâne et leur dentition a été très tôt influencé par une alimentation végétarienne8.

Heterodontosauridae est le plus ancien groupe des ornitischiens9, composé d'espèces de petite taille (< 1 m) ayant vécu de la fin du Trias au début du Crétacé. La plupart des clades des ornitischiens étaient déjà séparées au début du Jurassique. On sépare les ornitischiens en Thyreophora , ornithopoda et Marginocephalia.

Thyreophora

Les caractéristiques les plus marquantes des thyreophora étaient les scutelles, comparables à des armures, sur le corps8. Les plus connus sont les Stegosauria et les Ankylosauria. Leur crâne est en général très ossifié.

Ornithopoda

On sépare les Ornithopodes en deux clades, Hypsilophodontidae, et Iguanodontia. Les ornithopodes dont le nom signifie pieds d'oiseau ont vécu entre 200 Ma, Jurassique moyen, et 65 Ma, extinction de la fin du Crétacé.

Marginocephalia

Les Marginocephalia tirent leur nom du bouclier de protection qui protège l'arrière de leur crâne. Ils sont divisés en pachycephalosauria et ceratopsia. Les pachycephalosaures sont connus pour le dôme de leur crâne, l'espèce la plus ancienne étant *Stenopelix*, qui vivait au début du Crétacé en Europe. Les cératopsiens, connus pour des espèces comme Triceratops, sont remarquables par leurs cornes. On distingue les cératopsiens primitifs, comme *Psittacosaurus*, et les néocératopsiens.

Chapitre /5
Les ancêtres de l'espèce humaine

La théorie de l'**origine évolutive de l'Homme** s'intéresse aux principales étapes du développement de l'espèce humaine moderne (*Homo sapiens*), et à l'origine évolutive des ancêtres de l'Homme. Cette chaîne des origines remonte jusqu'aux origines de la vie. Sa reconstitution s'appuie sur des travaux de paléontologie, de biologie (notamment d'embryologie), d'anatomie comparée, et plus récemment de données génétiques.

L'étude de l'évolution humaine récente est une partie importante de l'anthropologie. Au-delà, identifier les caractères primitifs ou dérivés de chaque étape dans cette chaîne évolutive éclaire en quoi l'Homme est similaire ou différent des autres animaux. La démarche phylogénétique part de l'idée que la vie évolue des formes les plus simples aux plus organisées, avec acquisition de plus en plus de caractéristiques nouvelles, même si des pertes secondaires de caractères peuvent se produire au sein des lignées. Ainsi, l'espèce humaine fait partie, comme toute autre espèce du vivant, de plusieurs groupes emboîtés dont chacun est caractérisé par un caractère nouveau, qui se rajoute à ceux déjà accumulés.

Eumétazoaire

Il y a 3,5 milliards d'années, la vie apparaît sur Terre. Suivent des formes simples, probablement assez proches de certaines bactéries.
Le regroupement de l'empire eucaryote avec les empires eubacteria et archaea constitue la matière vivante terrestre. Ces empires résultent de la première bifurcation survenue lors de l'évolution de la matière vivante sur Terre, mais les frontières précises de ceux-ci ne font pas encore l'unanimité parmi les biologistes ; or, la succession de bifurcations qui mènent de l'empire eucaryote au règne animal peut être expliquée par le fait qu'un noyau possède un code de reproduction, un message génétique permettant d'ordonner un développement et donc d'évoluer.
Les premières organisations multicellulaires semblent avoir été inventées par plusieurs règnes (Biologie) indépendants : algues rouges, algues

brunes, algues vertes et plantes, champignons, et métazoaires. Elles semblent avoir conduit à plusieurs reprises à des métazoaires plus structurés par exemple la faune de l'Édiacarien ou la faune de Burgess.

Les premiers métazoaires sont des colonies de cellules, dont la structure d'ensemble est peu différenciée (placozoaires) ou ressemble à celle des algues (démosponges). L'innovation principale qui permet à ces cellules animales de vivre ensemble est le collagène : cette protéine est le complément intercellulaire qui groupe les cellules entre elles et donne une forme définie à l'organisme : le collagène rend possible la morphogenèse, et donc l'évolution des formes.

Ces cellules animales sont hétérotrophes, par opposition aux cellules autotrophes des végétaux : les premiers métazoaires doivent capturer de la nourriture pour s'alimenter. L'élaboration de stratégies de plus en plus sophistiquées pour capturer cette nourriture va progressivement structurer ces métazoaires primitifs en « animaux » :

•Initialement, l'organisation des métazoaires est peut-être celle des différents groupes d'éponges, qui organisent des courants d'eau à travers une structure plus ou moins complexe, de l'intérieur d'une cavité vers l'extérieur, par les mouvements de cils vibratiles des cellules qui les composent. Cependant, il n'y a pas de relation connue entre les éponges et les autres métazoaires.

•Avec les cnidaires apparaissent trois grands types de cellules spécialisées : des cellules musculaires, qui peuvent se contracter pour créer un mouvement d'ensemble, des cellules nerveuses, qui permettent de coordonner ces mouvements, et des cellules sensorielles, qui permettent de déclencher ces mouvements. Cette division du travail permet d'améliorer la performance de la colonie : des tentacules peuvent brasser l'eau et ramener les aliments vers une cavité digestive. Les cnidaires sont des organismes fixes (comme les coraux adultes ou les anémones de mer) ou mobiles (comme les méduses ou les larves de coraux).

•Devenant capable de mouvement, l'organisme peut adopter une stratégie active, et se déplacer à la recherche de sa nourriture : c'est le stade vermiforme, un tube digestif en quête de sa nourriture.

Bilatérien

L'être humain, tout comme les vers, les limaces ou encore les araignées sont des bilatériens, c'est-à-dire des organismes capables de se développer suivant un plan d'organisation global et prédéfini. Le développement des bilatériens est organisé autour d'un axe tête / queue d'une part, et dos / ventre d'autre part. Ces deux axes conduisent à un plan d'ensemble où les côtés droit et gauche tendent à être symétriques, d'où leur nom de bilatérien. Les bilatériens regroupent pratiquement tous les animaux d'organisation complexe, et ont évolué progressivement à partir d'organismes vermiformes.

L'organisation des organismes de type « ver » (vermiforme) est conditionnée par leur mode de vie, qui est de se déplacer pour aller chercher la nourriture (au lieu d'attendre qu'elle passe à portée). Cette stratégie permet notamment d'exploiter des déchets organiques, qui peuvent être à haute valeur nutritive, mais ne se déplacent pas.

•La capacité de se déplacer suppose la coordination des efforts musculaires par des centres nerveux, qui évolueront progressivement vers les cerveaux des espèces plus complexes. Elle suppose également que le système nerveux soit coordonné avec le plan d'organisation, fonction des gènes de développement de la famille Hox.

•La deuxième invention majeure des vers (absente chez les vers plats) est la présence d'un canal alimentaire et d'une fonction digestive : à une extrémité, une bouche absorbe la nourriture, à l'autre, un anus excrète les déchets. Entre le « tube extérieur » qui forme la peau (ectoderme) et le « tube intérieur » (endoderme) qu'est le canal alimentaire, un tissu intermédiaire, le mésoderme, peut se développer et former des organes internes de plus en plus complexes.

•Certains organismes vermiformes prennent une organisation segmentée. On en retrouve quelques traces (lointaines, et très déformées) chez l'espece humaine : répétition des vertèbres, des muscles abdominaux...

La découverte du tube digestif et de la capacité de se déplacer (en rampant) a été la formule gagnante de l'explosion cambrienne : les organismes vermiformes sont assez polyvalents, et peuvent servir de base à des modes de vie très variés. Tous les autres schémas d'organisation plus évolués s'appuient sur ce type

fondamental : ce sont des vers un peu compliqués. C'est ce qu'on appelle une explosion radiative : à partir d'un schéma de base commun, les formes prennent des voies divergentes, comme si elles rayonnaient à partir d'une explosion centrale.
C'est à ce stade vermiforme que les lignées des arthropodes (insectes, crabes, araignées...) et des mollusques se séparent de celle des vertébrés. Ces deux familles ont eu très rapidement leur propre explosion radiative, montrant le succès évolutif de ces formules permettant des plans d'organisation très variés. Par contraste, le plan d'organisation des vertébrés est resté stable très longtemps.

Vertébré

À partir du stade vermiforme des bilatériens primitifs, nos ancêtres qui émergèrent de l'explosion radiative des vers ont été organisés par la capacité croissante à nager en pleine eau pour trouver leur nourriture (par opposition aux mollusques qui rampaient et broutaient les végétaux, et aux arthropodes qui marchaient et se nourrissaient en filtrant des débris). Les ancêtres de l'être humain ont pris certaines formes plus complexes, de type poisson, toutes aquatiques, formes dont les expressions les plus complexes ressemblaient aux poissons osseux actuels. Cette évolution des formes a été assez progressive:

•La tête des chordés primitifs s'est organisée en un crâne protégeant le cerveau et rassemblant l'essentiel des organes sensoriels, conduisant aux crâniates.

•La protection cartilagineuse puis osseuse du système nerveux se prolonge ensuite le long de toute la moelle épinière, pour former une colonne vertébrale commune à tous les vertébrés. De plus, cette colonne vertébrale fournit un appui aux masses musculaires, permettant des mouvements de nage plus énergiques.

•La mâchoire se forme 100 millions d'années après l'apparition des vertébrés, au silurien chez les gnathostomes (groupement qui exclut les anciens agnathes).

•Enfin, le squelette initialement cartilagineux (chez les chondrichthyens) s'ossifie sous forme d'os vrai (par opposition aux poissons cartilagineux).

Parallèlement, les organes internes se complètent: c'est au stade des vertébrés qu'apparaissent la rate et le pancréas individualisés. Au stade des poissons à mâchoire, les fibres nerveuses s'entourent d'une gaine de myéline : cette innovation permettra des systèmes nerveux plus complexes et plus grands, donc des animaux plus gros et au comportement plus différencié. C'est également à ce stade qu'apparaît le système immunitaire adaptatif1.

Dotés d'un cerveau, d'yeux, d'un système nerveux performant, de capacités natatoires renforcées par la colonne vertébrale et d'une solide mâchoire, les vertébrés primitifs étaient adaptés pour être les grands prédateurs des océans.

Extérieurement, les poissons sont dotés de nageoires de formes variées. Ces nageoires sont initialement peu mobiles, et surtout destinées à stabiliser et diriger le mouvement propulsif produit par le corps. Plus différenciées, les nageoires paires des poissons osseux acquièrent une mobilité et une agilité plus grande, et servent au poisson pour se déplacer lors de petits mouvements. Ce sont ces nageoires paires qui évolueront en membres chez les tétrapodes.

C'est de la branche (ostéichtyens) que proviendraient les premiers animaux terrestres, les plantes étant déjà installées hors de l'eau.

Tétrapode

Le passage du stade « poisson » aux tétrapodes reflète l'acquisition des caractères nécessaires pour s'émanciper du milieu aqueux, et pouvoir se déplacer et vivre sur la terre ferme. Cette conquête de la terre avait déjà été faite par les plantes et les arthropodes (et marginalement, par quelques mollusques). Pour un vertébré, coloniser la terre ferme présentait deux avantages: échapper aux gros prédateurs marins, et accéder à une source de nourriture faiblement défendue. Les premiers tétrapodes avaient un mode de vie probablement amphibies, et évoluaient dans des milieux humides (lagune, marécage...).

•L'acquisition du poumon fonctionnel et muni d'alvéoles, à partir d'une vessie natatoire, se fait à une date inconnue et disputée : pour certains auteurs, une capacité pulmonaire a pu être présente dès les poissons osseux primitifs.

•Les nageoires paires se complexifient : elles deviennent charnues, et leur squelette se structure en membres et en pattes, où apparaissent des doigts en nombre variable (le plus souvent cinq). Les pattes ont un rôle locomoteur, et les doigts permettent d'agripper des proies ou des prises pour le déplacement.

•L'articulation des « pattes avant » se détache de la tête, et donne naissance au cou, qui permet à son tour une meilleure mobilité de la tête.

C'est à ce stade que l'émail des dents apparaît.

Les batraciens représentent un stade encore dépendant du milieu humide, principalement pour la reproduction. Plus tardivement, les autres tétrapodes s'émancipent du milieu humide:

Les embryons des amniotes seront isolés dans un liquide amniotique, permettant un développement indépendant du milieu aqueux.

Le rayonnement d'espèces issues de cette dernière souche a été important, ce sont principalement les « reptiles » de la classification traditionnelle : Serpentes, Dinosaures (à présent éteints), Crocodiles, Tortues, Oiseaux... une lignée relativement primitive de reptiles, les reptiles mammaliens, qui sera plus tard à l'origine des mammifères.

Mammifère

Les primates dont fait partie l'espèce humaine se sont différenciés au sein des mammifères. Les mammifères se différencient très tôt des autres reptiles dès le début du Permien (ère primaire). Ils forment à cette époque les Therapsida, ou Reptile mammalien. Les animaux de cette lignée sont petits, principalement nocturnes, insectivores Au sein de ce groupe, le fait d'être des chasseurs nocturnes insectivores est lié à l'apparition de ce qui deviendra les principaux traits caractéristiques des mammifères :

•Le pelage. La vie nocturne nécessite des avancées en termes d'isolation et régulation thermique pour pouvoir être actif dans la fraicheur de la nuit. La peau se recouvre de poils (avec leurs muscles érecteurs, leurs glandes sébacées et sudoripares, permettant une meilleure thermorégulation : les mammifères sont homéothermes.

•La dentition différenciée. La nécessité de capturer des arthropodes et d'écraser leur carapace (exosquelette) accélère la tendance des thérapsides vers des dents de forme plus complexe, spécialisées et précisément localisées. Les dents se différencient dans un premier temps par fonction (hétérodontie), les formules dentaires (incisives, canines, prémolaires, molaires...) évoluant ensuite en fonction du régime après l'explosion radiative des mammifères.

•L'acuité sensitive. L'acuité des sens devient vitale, notamment ceux de l'ouïe et de l'odorat : l'évolution vers l'oreille interne de mammifère a été accélérée, et simultanément celle de la mâchoire, puisque des os de la mâchoire sont devenus des os de l'oreille interne ; et l'augmentation de la taille des lobes cérébraux spécialisés dans le traitement des sens. Les tissus cérébraux ayant une énorme consommation d'énergie, l'augmentation de la contrainte alimentaire favorisa les évolutions sur l'isolation (poils), sur la régulation thermique et sur la nutrition.

•Perte de la vision quadrichromique. Comme effet négatif, la vue devient moins importante puisque ces animaux vivent la nuit. Ceci se retrouve dans le fait que la plupart des mammifères, qui n'ont que deux familles de cônes sur les quatre initialement présents chez les tétrapodes primitifs, ont une vision des couleurs médiocre en comparaison des reptiles, y compris les petits primates comme les lémuriens.

Par ailleurs -peut-être parce que la complexité croissante des organismes ne permet plus une simple incubation des juvéniles- les reptiles mammaliens acquièrent la gestation et la capacité de s'occuper de petits qui naissent immatures:

•L'œuf caractéristique des reptiles évolue en un placenta permettant une gestation prolongée.

•Chez la femelle, deux lignes de glandes mammaires situées sur le thorax et l'abdomen sécrètent du lait qui alimente le nouveau-né. Ces lignes plus ou moins fournies se limiteront à une paire de seins chez les primates.

Cependant, les reptiles mammaliens restent marginaux pendant la grande époque des dinosaures. Les placentaires ne se différencieront réellement que très tardivement, il y a 60 millions d'années, conduisant à la radiation évolutive des mammifères que nous connaissons actuellement.

Primate

Les mammifères subissent une radiation évolutive dès le début de l'ère tertiaire: de nombreuses espèces différentes apparaissent et occupent des milieux variés : les airs, les milieux aquatiques… Des mammifères arboricoles apparaissent, les primates. Les primates forment un groupe de mammifères assez peu différenciés, dont les principales caractéristiques viennent de leurs ancêtres arboricoles. Parmi eux, un grand nombre sont frugivores.

On peut noter comme caractère propre des primates :

•La forme de la tête. Les orbites des primates orientées vers l'avant, permettant une vision binoculaire facilitant l'appréciation des distances. C'est aussi au sein des primates qu'évolue la forme du nez, qui passe d'une forme à truffe à celle du nez de type humain.

•La main. Les membres deviennent préhensiles avec un pouce opposable (le pied chez l'être humain perdra ce caractère), facilitant les déplacements dans les branches. On peut en outre noter la transformation des griffes en ongles plats.

•C'est parallèlement à l'acquisition de ce régime frugivore qu'est acquise une meilleure vision en couleur : alors que les mammifères n'ont que deux types de cônes, les primates ont bénéficié d'une mutation dédoublant la vision du *jaune*, créant de nouveaux cônes plus sensibles au *vert* par opposition

aux anciens se spécialisant sur le *rouge*, ce qui permettait le repérage des fruits mûrs (rouges) dans le feuillage (vert).
Au sein du groupe des primates, les singes (simiens) puis les grands singes, se seraient diversifiés, ces derniers n'ayant pas de queue préhensile.

Grand singe évolué

Les espèces actuellement les plus proches de l'humain sont donc les deux espèces de chimpanzé : *Pan troglodytes* (le chimpanzé commun) et *Pan paniscus* (le bonobo). Dans leur proximité phylogénétique à l'être humain viennent ensuite le gorille et l'orang-outan. Le génome des humains ne diffère que de 0,27 % de celui des chimpanzés, et de 0,65 % de celui des gorilles. Ces chiffres conduisent à estimer que notre lignée s'est séparé de celle des chimpanzés il y a environ cinq millions d'années, et des gorilles il y a environ sept millions d'années.
La principale évolution caractérisant l'espèce humaine par rapport aux autres primates est sa position debout : la bipédie. Cette position a induit un certain nombre

de modifications morphologiques qui ont une conséquence directe sur l'hominisation:

•La main, libérée de la fonction locomotion, permet la manipulation d'outils les plus divers.

•Le crâne, à présent en équilibre au sommet de la colonne vertébrale, peut se développer et permet une augmentation de la masse cérébrale.

•Le larynx plus dégagé facilite l'acquisition d'un langage évolué.

•Le pied, à présent consacré à la marche, perd son pouce opposable.

Il semble que ces évolutions sont liées à un changement d'habitat : les premiers homininés ont quitté leur habitat d'origine, la forêt, pour adopter un mode de vie de chasseur-cueilleur dans un environnement de type savane. Dans cet environnement, la bipédie permet une surveillance plus efficace des alentours et des déplacements à longue distance plus rapides et moins coûteux énergétiquement.

La définition du genre *Homo* reste floue et varie selon les critères retenus ; le principal critère reste le volume de la boîte crânienne. On peut noter sur ce point que l'Homme de Néandertal avait une capacité crânienne moyenne légèrement supérieure (1 500 cm3) à celle de l'humain moderne.

Chapitre /6

Histoire évolutive de la lignée humaine

Histoire de l'Homme

L'évolution buissonnante des Homininés depuis 10 Ma

L'**histoire évolutive de la lignée humaine** (Hominina) est le processus évolutif conduisant à l'apparition du genre *Homo*, puis à celle d'*Homo sapiens* (l'Humain actuel).

L'histoire évolutive des primates conduit à l'apparition de la famille des hominidés (grands singes), qui aurait divergé de celle des hylobatidés (gibbons) il y a quelque 20 millions d'années (Ma). Puis la sous-famille des homininés (gorilles, chimpanzés, et humains) se sépare de celle des ponginés (orang-outans) il y a environ 16 millions d'années. Ces groupes s'étendent et se diversifient en Afrique et en Eurasie tout au long du Miocène moyen et jusqu'au début du Miocène supérieur. On assiste à l'apparition des Hominina (ou hominines) en Afrique à la fin du Miocène, il y a environ 7 millions d'années.

La bipédie est le caractère le plus frappant de la sous-tribu des Hominina. Les deux plus anciens hominines connus sont *Sahelanthropus tchadensis* (7 millions d'années) et *Orrorin tugenensis* (6 Ma).

Le premier représentant documenté du genre *Homo* est *Homo rudolfensis*, qui apparaît il y a environ 2,4 millions d'années en Afrique de l'Est. Avec *Homo habilis*, on a longtemps pensé qu'il s'agissait des deux premières espèces à avoir utilisé des outils de pierre. Cependant, une découverte de 2012 au Kenya montre que les outils lithiques existaient dès 3,3 millions d'années, et pourraient avoir été maniés par des Australopithèques.

L'étude de l'évolution humaine fait intervenir de nombreuses disciplines scientifiques : l'anthropologie physique, la primatologie, l'archéologie, la paléontologie, l'éthologie, la linguistique, la psychologie évolutionniste, l'embryologie et la génétique.

Lignée humaine

Le mot *Homo* est le nom du genre biologique qui regroupe toutes les espèces humaines. Elles sont toutes éteintes à l'exception d'*Homo sapiens*.

Le terme *Homo*, humain en latin, dérive d'une racine de l'Indo-européen commun (« [chose / fils] de la terre »).

Il a été choisi par Carl von Linné, dans sa méthode de classification de la nature, *Systema naturae* (édition de 1758). L'homme y est décrit sous le nom d'*homo sapiens*.

Les mammifères connaissent une radiation évolutive dès le début du Cénozoïque : de nombreuses espèces différentes apparaissent et occupent des milieux variés. Des mammifères arboricoles apparaissent, les primates. Parmi eux, un grand nombre est frugivore, ce qui favorise la vision en couleur, pour le repérage des fruits mûrs.

Singes

En Asie orientale apparaissent il y a environ 45 millions d'années les premiers singes, ou Simiiformes, appartenant à la famille archaïque des Eosimiidae, représentée en Chine et en Asie du Sud-Est par différentes espèces de petite taille. Les premiers singes africains sont datés de 39 millions d'années, en Libye. On les trouve un peu plus tard en Égypte, dans la dépression du Fayoum. Les singes ont connu une importante radiation évolutive en Afrique et en Asie durant l'Éocène supérieur.

Aegyptopithecus zeuxis, daté d'environ 30 millions d'années, trouvé dans la dépression du Fayoum, est l'un des premiers Catarrhiniens incontestables. Les singes occupent alors toutes les niches écologiques des arbres et vivent en groupes sociaux se nourrissant de feuilles, de fruits et d'insectes.

Plusieurs familles de Catarrhiniens basaux se développent en Afrique et en Eurasie, avant qu'apparaissent en Afrique il y a environ 25 millions d'années les deux super-familles actuelles que sont les Cercopithecoidea (singes à queue) et les Hominoidea (singes sans queue).

Hominoïdes

Les Hominoïdes partagent un dernier ancêtre commun.

Apparus à la fin de l'Oligocène, les hominoïdes se sont fortement diversifiés en Afrique. On trouve au Miocène inférieur des espèces fossiles de petite taille, tels les *Micropithecus* pesant quelques kilogrammes, et des espèces plus imposantes pouvant peser jusqu'à cinquante kilogrammesb. Leurs crânes et leurs dents robustes sont adaptés à une alimentation composée de feuilles, de fruits et d'insectes. Leur locomotion est essentiellement quadrupède, même si certains des plus grands individus commencent à se déplacer en se suspendant aux branches des arbres, comme le *Morotopithecus*.

Les Hominoidea se subdivisèrent en plusieurs familles, notamment, il y a environ 20 millions d'années :

•les Hylobatidae (gibbons), qui se répandirent en Asie de l'Est et qui pratiquent la brachiation. On ne les trouve plus aujourd'hui qu'en Asie du Sud-Est ;

•les Hominidae, de plus grande taille, restés dans un premier temps en Afrique.

Hominidés

Vers 17 millions d'années, à la faveur de la collision des plaques africaine et arabique avec la plaque eurasiatique, et de l' Optimum climatique du Miocène qui vit l'extension vers le nord des forêts tropicales et tempérées chaudes,
les hominidés commencèrent à se disperser hors d'Afrique. Le Griphopithèque est un hominidé d'Europe, attesté à partir de 16 millions d'années. Un hominidé européen tardif, l'Oréopithèque, pratiquait en Toscane vers 8 millions d'années une bipédie différente de celle qui vit le jour un peu plus tard en Afrique.
Les hominidés africains comprennent notamment *Kenyapithecus* **(en)** vers 14 millions d'années et, peut-être, *Samburupithecus* vers 9 millions d'années.
Il y a environ 16 millions d'années, selon les estimations fondées sur l'horloge moléculaire, les Hominidae se subdivisèrent en deux sous-familles principales : les Ponginae et les Homininae
Les ponginés se développèrent en Asie méridionale, de la Turquie jusqu'à la Chine. Le Sivapithèque, découvert en Inde et au Pakistan, est peut-être

l'ancêtre du plus grand singe ayant jamais existé, le Gigantopithèque, qui vivait en Chine du Sud et au Viêt Nam. Ce dernier disparut vers la fin du Pléistocène moyen, ne laissant subsister que les orang-outans en Asie du Sud-Est.

Homininés

À partir de 13 millions d'années, plusieurs espèces d'Homininae sont connues en Europe, qui bénéficie au Miocène moyen d'un climat chaud et humide favorisant l'extension des forêts. Ces espèces forment le groupe des Dryopithèques (ou tribu des *Dryopithecini*). Ces singes se déplaçaient toujours à quatre pattes, mais se suspendaient aussi aux arbres et occasionnellement se dressaient sur deux pieds13.

Dans une zone regroupant l'Anatolie et les Balkans (Turquie, Grèce, Bulgarie) se développèrent au Miocène supérieur des genres de grands singes, comme l'Ouranopithèque. Cependant, après avoir prospéré pendant quelque 8 millions d'années, les homininés européens disparurent peu à peu du continent, à la suite du refroidissement et de

l'assèchement de la fin du Miocène qui entraînent le recul des forêts.
Une espèce fossile d'Homininae identifiée en Grèce et en Bulgarie, *Graecopithecus freybergi*, datée de 7,2 millions d'années, suscite le débat parmi les chercheurs. L'examen au scanner d'une mandibule fragmentaire trouvée en Grèce a révélé une fusion des racines de deux prémolaires, caractère que l'on retrouve principalement chez les Hominina et rarement chez les Chimpanzés. De plus, l'emplacement vide des canines de la mandibule laisse supposer une taille de canine réduite, ce qui est l'un des caractères définissant les Hominina. Ces deux éléments combinés suggèrent que *Graecopithecus* pourrait faire partie des Hominini, voire des Hominina. Dans cette dernière hypothèse, il deviendrait le plus ancien ancêtre de la lignée humaine, devançant Toumaï, découvert en 2001 au Tchad et daté de 7 millions d'années. Cette étude renforce la thèse de ceux qui voient l'origine des Homininae, puis des Hominini, en Europe plutôt qu'en Afrique, compte tenu des nombreux fossiles de grands singes du Miocène moyen et supérieur trouvés jusqu'à

présent en Europe, alors que seules deux espèces fossiles rattachées aux Homininae ont été décrites à ce jour en Afrique, sur la base de fossiles très fragmentaires, *Nakalipithecus* et *Chororapithecus*, datées entre 10 et 8 millions d'années. Leur lien éventuel avec les Homininae européens n'est pas connu.

Hominines

La lignée humaine regroupe le genre *Homo* et tous les genres fossiles ayant une parenté plus proche avec les humains qu'avec les chimpanzés, espèce actuelle la plus proche de l'Homme.

Au Miocène, entre 9 et 7 millions d'années avant le présent, se produisit la séparation entre la sous-tribu des Panina (lignée des chimpanzés) et la sous-tribu des Hominina (lignée humaine). Toutefois cette période a livré peu de fossiles et le statut de pré-humain ou de pré-chimpanzé est souvent difficile à départager.

Sahelanthropus tchadensis, daté de 7 millions d'années, a été découvert au Tchad en 2001. Le crâne fossile présente les caractères faciaux et dentaires généralement associés aux hominines et le trou occipital avancé propre aux espèces bipèdes. Cette espèce est admise par la majeure partie de la communauté scientifique comme le plus ancien représentant connu des hominines.

Australopithecus africanus : Mrs. Ples

Le genre Australopithèque apparaît en Afrique il y a environ 4,2 millions d'années. Il forme de nombreuses espèces en Afrique orientale et australe jusqu'au début du Pléistocène. Huit espèces d'australopithèques ont déjà été décrites à ce jour. Ce genre semble céder ensuite la place aux Paranthropes, dont trois espèces sont connues, mais qui s'éteignent en Afrique avant 1 million d'années.

De 3 à 2 millions d'années avant le présent (AP), une évolution climatique entraîne en Afrique de l'Est une baisse des précipitations et réduit les espaces arborés, qui laissent la place à des savanes ouvertes. À partir de 2,7 millions d'années, les documents fossiles révèlent l'existence concomitante en Afrique de plusieurs genres d'hominines. Une divergence évolutive semble s'être produite dans la lignée des Australopithèques, un premier segment évoluant vers le genre *Homo* et aboutissant finalement à *Homo sapiens*, un autre segment donnant le genre *Paranthropus*, qui finira par s'éteindre sans descendance. Ce dernier comprend les espèces *Paranthropus robustus*, en Afrique australe, *Paranthropus aethiopicus* et *Paranthropus boisei*, en Afrique de l'Est. L'hypothèse généralement avancée est que les deux lignées ont recouru à des solutions adaptatives divergentes face à l'aridité croissante. Les Paranthropes diffèrent des Australopithèques par l'ampleur de leurs molaires, de leurs mâchoires et de leurs muscles masticateurs, qui laissent supposer un régime alimentaire spécialisé orienté vers des végétaux coriaces. Ils s'éteignent il y a un peu plus d'un million d'années.

Les représentants du genre *Homo* (*Homo habilis*, *Homo rudolfensis*, *Homo gautengensis*, *Homo naledi*) incluent à l'inverse de plus en plus de viande dans leur alimentation, probablement acquise principalement par charognage. Leur denture s'affine, leur volume cérébral s'accroît et ils commencent à utiliser un outillage en pierre taillée.

L' Homonisation

L'**hominisation** est le processus évolutif qui a progressivement transformé des primates en humains. Ce processus s'est produit dans la lignée des hominines, qui a divergé de la lignée des chimpanzés il y a plus de 7 millions d'années. L'étude de l'hominisation embrasse tous les changements structuraux et comportementaux qui ont eu lieu dans la lignée des hominines, et qui ont conduit finalement à l'émergence de l'*Homo sapiens* et de l'homme moderne3.

Le terme « hominisation » et la notion à laquelle il renvoie ont été utilisés pour la première fois par Édouard Le Roy dans *Les origines humaines et l'évolution de l'intelligence*, publication d'un cours présenté au Collège de France entre 1927 et 1928. Cependant, le terme était déjà employé dans un texte écrit par Pierre Teilhard de Chardin en 1923 mais demeuré inédit.

Les premières contributions

Les premières contributions ont été proposées au cours de la deuxième moitié du XIXe siècle. La plupart ont tenté de décrire et d'expliquer les différences entre l'homme et les grands singes avec des arguments philosophiques. À cette époque, les fossiles humains découverts étaient rares et les connaissances génétiques très limitées. Les premiers restes humains fossiles reconnus, ceux de l'Homme de Néandertal, découverts en 1856 et dénommés en 1864, furent jugés au départ par beaucoup comme appartenant à des individus atteints de pathologies.

Le scénario évolutif de Charles Darwin

The Origin of Species, 1859.

Au milieu du XIXe siècle, la seule étude scientifique possible reposait sur la comparaison des grands singes et de l'homme moderne. Les caractères jugés spécifiques à l'homme étaient alors les petites canines, la posture bipède, le cerveau volumineux, l'utilisation d'outils.

Jean-Baptiste de Lamarck publia sa célèbre théorie des origines simiennes de l'Homme et des origines climatiques de la bipédie humaine en 1802.dans le premier ouvrage sur l'évolution des espèces, supposant alors la transmission des caractères acquis par les voies de l'hérédité. Cette première théorie de la transformation des singes en hommes fut formulée au Muséum national d'Histoire naturelle de Paris, l'ouvrage mis en vente dans la Maison de Buffon au Jardin des plantes où il résidait. Elle sera reprise soixante dix ans plus tard par Charles Darwin en 1871 après que celui eu développé la théorie de l'évolution en 1859 dans son fameux ouvrage *L'Origine des espèces*. Il expliqua que des variations anatomiques ponctuelles se produisent régulièrement et au hasard chez les organismes vivants. La plupart sont nocives et affectent négativement les individus concernés. Quelques-unes sont bénéfiques et se répandent alors au sein de l'espèce par la descendance de l'individu concerné au moyen de la transmission des caractères acquis, sa fameuse théorie des gemmules, qui s'avéra erronée avec l'avènement de la génétique. Le transformisme lamarckien auquel il adhérait était donc inapte pour expliquer les mécanismes biologiques des processus de transformations anatomiques. Ce seraient alors les pressions exercées par l'environnement à l'échelle de l'organisme qui auraient sélectionné certaines variations et à rejeter les autres, d'où le nom de sélection naturelle sans explication sur les mécanismes de transformation qui sont les mécanismes de l'évolution recherchés. L'environnement comporte des composantes multiples, comme le climat, la nature et la répartition des aliments disponibles, les maladies, la prédation exercée par les carnivores, etc. sont autant de paramètres auxquels l'organisme et les comportements sont nécessairement en adéquation.

L'évolution morphologique et comportementale de la lignée humaine depuis des millions d'années n'échappe pas aux principes de cette évolution de transformation anatomique avec des conséquences comportementales. La contribution majeure de Darwin sur ce sujet parait en 1871 avec l'ouvrage en deux volumes *La Filiation de l'homme et la sélection liée au sexe*. Darwin construisit son scénario évolutif en partant de grands singes vivant au sol et soumis à la prédation. Ainsi, selon Darwin, les grands singes au sol se seraient retrouvés sans défense face aux carnivores. La pression des prédateurs aurait conduit à sélectionner les individus capables de fabriquer des outils de défense. La même pression sélective aurait favorisé les individus capables de transporter leurs outils, à chaque fois qu'un prédateur apparaissait à proximité. La bipédie, et, simultanément, la transformation des mains, en les libérant de leur rôle locomoteur permet de fabriquer et transporter des outils.

Les individus utilisant régulièrement des outils auraient ensuite su inventer de nouveaux outils ou inventer des fonctions secondaires pour les outils déjà existants : ces individus performants furent favorisés par la sélection naturelle et purent transmettre ces compétences à leur descendance. Cette pression en faveur de l'innovation aurait favorisé l'augmentation de volume du cerveau. Une fois que l'efficacité des outils fut optimale, les canines n'avaient plus leur utilité et elles auraient repris leur taille dite naturelle.

Le scénario évolutif de Darwin fut la meilleure explication de son époque pour comprendre l'évolution des grands singes vers l'homme moderne. De nombreux scientifiques s'en inspirèrent pour décrire à leur tour l'évolution humaine. Au début du XXe siècle, plusieurs fossiles attribués à des ancêtres de l'homme avaient cependant été découverts, ce qui conduisit d'autres savants à proposer de nouveaux scénarios.

La découverte de fossiles d'hominines, témoignage de notre évolution

À l'époque où Charles Darwin écrivit son scénario évolutif, la forme des plus lointains ancêtres de l'homme ne pouvait qu'être supposée. La découverte de fossiles d'Australopithèques en Afrique du Sud à partir de 1924, puis en Afrique de l'Est à partir de 1959, et les données tirées de leur étude, apportèrent une mine d'informations sur notre évolution. Le scénario évolutif de Darwin fut largement réfuté par les nouvelles preuves fossiles.

La fin du XXe siècle et le début du XXIe siècle ont été les périodes les plus riches en découvertes de fossiles d' hominines. Les données tirées de chaque découverte sont venues compléter les données déjà existantes, et apporter de nouvelles pistes de réflexion sur notre évolution, en contredisant parfois certaines théories jusqu'alors acceptées, notamment l'East Side Story.

En effet, la découverte du fossile surnommé Toumaï a bousculé ce scénario. Le crâne de Toumaï fut découvert en juillet 2001 au Tchad par l'équipe de Michel Brunet. Ce fossile, daté de sept millions d'années, a été jugé bipède et en conséquence attribué à la lignée des hominines. Il est donc le plus ancien hominine jamais découvert et vient ainsi reculer la date supposée de la divergence entre hominines et chimpanzés, auparavant estimée entre cinq et six millions d'années par les généticiens. De plus, sa présence en Afrique centrale affaiblit la théorie de l'East Side Story, mise en avant par Yves Coppens, qui suggérait que les hominines étaient apparus à l'est de la vallée du Grand Rift, car la bipédie était plus adaptée pour se déplacer dans la savane qui s'y développait.

Les découvertes de fossiles ont permis d'augmenter fortement le nombre d'espèces d'hominines connues, et d'estimer l'époque où certains caractères évolutifs seraient apparus.

Les étapes du processus d'hominisation

L'hominisation correspond à toutes les étapes évolutives qui se sont déroulées depuis plus de sept millions d'années jusqu'à l'homme moderne.

La bipédie

L'étude des fossiles d'*Australopithèques*, d'*Ardipithèques*, d'*Orrorin*, et du *Sahelanthrope* a permis de définir la bipédie comme un caractère spécifique des hominina. Ces différents genres, âgés de 2 à 7 millions d'années, étaient à la fois bipèdes, d'après l'étude de leurs membres inférieurs, et arboricoles, d'après leurs membres supérieurs. Avec *Orrorin tugenensis*, on voit que la bipédie était déjà présente il y a au moins six millions d'années. Le fémur d'Orrorin est long, avec une tête très développée, ce qui indique qu'Orrorin avait des aptitudes à la marche.

Les plus anciennes traces de pas bipèdes découvertes en Afrique, à Laetoli en Tanzanie, sont datées de 3,7 millions d'années. Ces empreintes montrent un gros orteil convergent, mais pas la voute plantaire existant chez l'homme moderne. De plus, les pieds et les orteils semblent relativement longs. Ces éléments suggèrent une bipédie incomplète, partagée avec une capacité arboricole encore présente.

D'autres auteurs pensent que la bipédie n'est pas un trait exclusif des hominina, à travers l'observation de certains grands singes occasionnellement bipèdes12. Il est possible d'enseigner à un chimpanzé de se déplacer uniquement sur ses membres postérieurs, même si sa démarche montre un certain dandinement. L'aptitude à marcher longtemps et à courir debout resterait cependant un caractère propre à l'homme. La bipédie a donc connu une évolution et des stades successifs, depuis son apparition dans l'ascendance de l'homme. La date de cette apparition demeure encore indéterminée.

L'origine de la bipédie a donné lieu à de nombreuses hypothèses13. Dans les premières étapes, le fait de cueillir des fruits sur les arbres en se redressant aurait favorisé une position orthograde chez nos ancêtres arboricoles. L'hypothèse de l'East side story met en avant l'évolution du climat et de l'environnement en Afrique de l'Est. Le paysage forestier d'Afrique de l'Est se transformant progressivement en milieu plus sec et moins arboré aurait entrainé une baisse des ressources alimentaires arboricoles, favorisant une évolution vers des primates plus terrestres. Nos ancêtres auraient ainsi pu parcourir de plus grandes distances pour rechercher de la nourriture au sol. Selon le biologiste Peter Wheeler, les individus terrestres bipèdes seraient moins exposés aux rayons du soleil que les individus quadrupèdes de même taille, ce qui entrainerait une baisse de 60 % de la réception de chaleur par le corps. La bipédie aurait été ainsi favorisée pour se protéger de la chaleur du soleil et favoriser le contact du corps avec les vents et permettre une meilleure dissipation de la chaleur.

L'utilisation des mains et la fabrication d'outils

Les premiers stades de dextérité manuelle ont été discutés à partir des fossiles d'*Australopithecus afarensis*. Leurs mains étaient proches de celles d'*Homo sapiens* en proportions et structure. Les phalanges des doigts étaient en revanche plus courbées, pour faciliter la saisie des branches d'arbres lors des grimpers arboricoles.

Les plus anciens outils taillés connus à ce jour datent de 3,3 millions d'années. Ils ont été découverts en 2012 à Lomekwi , près du lac Turkana, au nord du Kenya. Il s'agit de galets taillés présentant un bord tranchant. Cette découverte remet en question l'idée communément admise jusqu'alors selon laquelle l'apparition des outils de pierre serait liée à l'émergence du genre *Homo*. Elle montre que la fabrication d'outils a largement précédé le développement cérébral, lequel ne démarre vraiment qu'avec *Homo habilis*, il y a environ 2 millions d'années. L'idée antérieure qui suggérait qu'un plus gros cerveau était un prérequis pour la fabrication d'outils est désormais contredite. Il a d'ailleurs été observé chez nos proches parents des comportements qui consistent à utiliser des outils pour effectuer certaines tâches : les chimpanzés ont la capacité d'utiliser des pierres pour casser des noix ; les macaques utilisent des feuilles pour débarrasser les aliments de leurs saletés. Ainsi, l'utilisation d'outils ne serait pas un caractère évolutif spécifique au genre *Homo*.

La fabrication d'outils plus complexes semble être cependant une étape importante dans le processus d'hominisation. L'industrie acheuléenne apparait pour la première fois il y a 1,76 million d'années, sur le site de Kokiselei, au Kenya, avec les premiers bifaces et hachereaux. Son invention est attribuée à *Homo ergaster*.

Au Paléolithique moyen, les Hommes de Néandertal et les *Homo sapiens* archaïques en Afrique fabriquent des outils composés de plusieurs matériaux, tels que pointes ou racloirs emmanchés. Au Paléolithique supérieur, les hommes modernes vont encore plus loin dans la conception d'outils : arcs, harpons, couteaux sont fabriqués pour les activités de la vie quotidienne, la chasse et la pêche.

Les modifications morphologiques de la mâchoire et des dents

Les grands singes sont caractérisés par de larges dents émaillées, de larges canines, de grandes mâchoires rectangulaires. La découverte des fossiles d'*A. ramidus* et d'*A. afarensis* a montré que leurs dents et leurs canines étaient plus petites avec une fine couche d'émail par-dessus. Ce type de dentition ressemblerait plus à celle du chimpanzé, sur plusieurs aspects et plus à l'*Homo sapiens* sur d'autres aspects. En effet, les incisives ressemblaient plus à celles du chimpanzé alors que la petite taille observée, en général, sur les dents des Australopithèques s'assimile plus à celles des *Homo sapiens*. Par ailleurs, les dents de devant des Paranthropes étaient également petites (même plus petites que celles d'*A. ramidus* et d'*A. afarensis*), leurs mâchoires étaient plus développées. Les dents de l'*Homo habilis* ainsi que ses mâchoires deviennent plus petites que celles du Paranthrope. Les mâchoires d' *Homo sapiens* étaient plus graciles et moins grandes, d'après les fossiles retrouvés d'*Homo sapiens*.

Ainsi, la taille des dents (notamment les dents labiales et les canines) et la taille des mâchoires auraient progressivement diminué, au cours de l'évolution des Hominidés alors que les molaires sont devenues plus larges. Au cours du temps, les dents auraient commencé à s'émailler ; cependant, il a été découvert que l'orang-outan possédait également des dents avec un émail épais, ce qui réfute l'idée que l'apparition et l'épaississement de l'émail soit un caractère spécifique aux Hominidés. L'émail serait apparu de façon indépendante, au cours de l'évolution.

Quant à la modification des mâchoires et des dents, au cours de l'évolution, elle serait étroitement liée aux changements d'habitudes alimentaires. L'évolution de la dentition aurait évolué avec les changements de régimes alimentaires. Nos origines alimentaires étaient principalement herbivores puisqu'il y a 7 millions d'années, nos ancêtres se nourrissaient de végétaux, de racines ou encore d'insectes; ce n'est que vers le Pliocène, que l'alimentation à partir de viandes apparaît. Ainsi, l'élargissement des molaires aurait favorisé la mastication de la viande, l'épaississement de l'émail serait dû à l'introduction d'aliments durs dans les habitudes alimentaires ainsi l'émail protégeait les dents du broyage de ces aliments. Par exemple, Toumaï, l'ancêtre le plus proche de notre ancêtre commun avec le chimpanzé, possédait déjà un émail intermédiaire entre les grands singes et l'homme actuel, ce qui lui a permis d'introduire dans son régime alimentaire, des aliments coriaces tels que les noix.

Le lien entre l'évolution de la dentition de nos ancêtres avec l'évolution du régime alimentaire a pu être déterminé grâce aux analyses effectuées sur les fossiles de mâchoires de nos ancêtres. En effet, une alimentation à base de végétaux a pu s'observer par des stries horizontales au niveau des dents et par des stries verticales, lorsque l'alimentation était à base de viande.

L'élargissement du cerveau

L'élargissement du cerveau semble n'avoir débuté qu'à partir du genre *Homo*. En effet, les Australopithèques, qui ont vécu avant le genre *Homo*, présentaient un volume crânien de l'ordre de 400 cm3, soit un volume crânien plus ou moins équivalent à celui des grands singes africains. D'après les fossiles de l'*Homo habilis*, son volume cérébral est plus important comparé à celui des Australopithèques. Ainsi, il est indéniable qu'au cours de l'évolution, la taille relative (à la taille du corps) et absolue du cerveau ont augmenté. Cependant, l'élargissement du cerveau ne se serait pas fait progressivement au cours du temps mais il se serait fait par étapes. Effectivement, entre -4 et -2 millions d'années, on observe que le volume cérébral d'*A.afarensis* est de 450 cm3 alors que celui de l'*Homo habilis* varie entre 650 et 700 cm3, à -2 et -1,5 million d'années. Le processus d'élargissement du cerveau, caractéristique de l'hominisation, aurait connu une importante évolution, au cours de cette période, soit entre -2 et -1,5 million d'années. L'élargissement du cerveau aurait également connu une importante augmentation entre -500 000 et -100

000 ans, à l'époque où vivait *Homo sapiens*. Ainsi, le volume crânien aurait doublé, durant cette période pour atteindre 1 400 cm3, chez l'*Homo sapiens*. Cette importante augmentation du volume crânien a connu des variations puisque l'homme de Néandertal présentait un volume crânien supérieur à celui de l'*Homo sapiens*, soit 1 700 cm3. Aujourd'hui, l'homme actuel présente un volume crânien de 1 350 cm3.

En moins de quatre millions d'années, la taille du cerveau aurait triplé, soit trois fois la taille du cerveau d'un primate dont l'évolution cérébrale aurait duré 60 millions d'années. De récentes études indiquent que l'élargissement du cerveau aurait évolué en simultané avec d'autres caractères spécifiques aux Hominidés. Par ailleurs, vers les dernières étapes de l'hominisation, l'évolution du cerveau consistait plus en une croissance allométrique (croissance du cerveau relative à la taille du corps) qu'à une réorganisation cérébrale.

Une des explications de l'élargissement cérébral serait l'apparition du langage. En effet, il y aurait un lien étroit entre l'augmentation du volume cérébral et le développement du langage articulé puisqu'il a été vu précédemment que le langage était associé à plusieurs zones cérébrales telles que les zones de Broca et de Wernicke. Ainsi, leur présence dans le cerveau entraînerait l'augmentation du volume cérébral. Par ailleurs, la socialisation et l'apparition des traditions culturelles auraient également entraîné une augmentation du volume cérébral afin d'assimiler, entre autres, les règles complexes de la société. Par ailleurs, bien que le moment où les outils seraient apparus, par rapport au début de l'élargissement cérébral fait débat, il y aurait un lien entre l'élargissement du cerveau et la fabrication d'outils. En effet, un développement au niveau du cerveau de nos ancêtres aurait un lien avec le développement et l'organisation des compétences impliquées dans la fabrication des outils.

L'acquisition du langage

Le langage articulé est un caractère fondamental dans le processus d'hominisation, dans la lignée des Hominidés. En effet, l'homme est seul à pouvoir maîtriser l'art du langage articulé, contrairement à ses plus proches parents, les primates. Ainsi, l'acquisition du langage est une nouvelle étape qui renforce la divergence entre l'homme moderne et ses plus proches parents. Cependant, ce caractère ne peut pas se fossiliser, il est donc difficile pour les scientifiques d'estimer à partir de quand celui-ci est apparu, au cours de l'évolution.

C'est en 1861 que le médecin Paul Broca découvre que l'aire de Broca est impliquée dans le traitement et l'élaboration du langage, qui est un des principaux caractères distinguant l'homme moderne de nos proches parents, les grands singes. Dix ans plus tard, le neurologue Carl Wernicke décrit la zone de Wernicke comme également impliquée dans le traitement du langage. Ainsi, l'observation de ces zones, grâce aux moulages effectués sur les crânes fossilisés de nos ancêtres, a permis à certains anthropologues d'émettre des théories quant à l'apparition du langage articulé mais également le positionnement du larynx et du palais, qui ont une incidence sur l'acquisition du langage. Un larynx en position basse et un palais en position haute caractérisant l'homme d'aujourd'hui sont propices à la maîtrise du langage.

Ainsi, d'après Phillip Tobias, les aires de Broca et de Wernicke sont représentées sur des moulages endocrâniens effectués sur les crânes retrouvés d'*homo habilis*, ce qui permettrait d'attribuer à *homo habilis* la maîtrise d'un langage articulé. Cependant, il a été démontré que son larynx n'était pas descendu suffisamment, physiquement parlant, pour pouvoir bien articuler. Quant à *homo erectus*, certains scientifiques pensent que sa technique visant à tailler le silex ne pouvait se transmettre que par un moyen de communication élaboré. Enfin, l'homme de Néandertal, disparu il y a seulement trente mille ans, avait un larynx dont le positionnement n'aurait pas permis de maîtriser le langage articulé14. Bref, cela ne reste que des théories qui se suivent et se contredisent.

Plus généralement, un groupe de scientifiques affirme que l'origine du langage daterait de l'époque à laquelle vivait *Homo habilis*, lorsque les premiers outils ont été conçus et au début de l'élargissement du cerveau, chez les Hominidés. À l'aide de restes de fossiles, un autre groupe de scientifiques pense que l'appareil phonatoire nécessaire à la parole ne serait apparu que tardivement chez les hominidés et que l'espèce humaine aurait été la première à acquérir la parole. En effet, le développement d'outils perfectionnés et la naissance des premières traditions culturelles, vers la fin du paléolithique coïncideraient avec le développement du langage et de la communication. Cette dernière théorie est même étayée par le fait que le langage aurait émergé progressivement, d'abord sous la forme de gestes, pour ensuite ne devenir verbal que très récemment, au moment de l'apparition d' *homo sapiens*. Le langage aurait débuté par le langage gestuel, qui serait apparu après la libération des mains, soit lors de l'apparition de la bipédie. Une des preuves à l'appui de cette hypothèse est le fait que nous continuons, pour la plupart, à parler en gesticulant. La réciprocité des gestes, apparue chez nos ancêtres, il y a environ vingt-cinq millions d'années, aurait également annoncé l'apparition du langage.

La domestication du feu, un grand pas vers la socialisation

Les différentes espèces humaines de la planète ont domestiqué le feu il y a environ quatre cent mille ans. L'homme est le seul à avoir maitrisé le feu au sein du règne animal. Les premières traces de feu découvertes en Chine, à Zhoukoudian, datent d'environ 420 000 ans. Des traces de feu ont également été découvertes en Europe (en Hongrie, en France) datées d'époques comparables. Avec la maitrise du feu, l'homme a pu cuire la nourriture qu'il chassait ou qu'il cueillait. La cuisson des aliments se serait vite répandue de proche en proche. Autour des foyers trouvés, de nombreux os d'animaux brulés ont été découverts. Nos ancêtres ont pu se réchauffer lorsque les températures baissaient grâce à la chaleur émanant du feu. Le feu a ensuite été utilisé pour perfectionner les outils et armes en bois ou en pierre taillée, notamment les pointes d'épieux durcies à la chaleur du feu.

Le feu a également permis d'imiter la lumière du soleil, lorsque la nuit tombait pour allonger les journées et se réfugier dans les grottes sombres. L'allongement des journées a entrainé le développement de nouvelles activités culturelles et sociales chez nos ancêtres. L'utilisation du feu a permis de développer la vie sociale et aurait été une étape fondamentale pour favoriser le développement du langage. Le feu devient un élément qui rapproche les individus, l'esprit de groupe se renforce. Les premiers mythes racontés autour du feu seraient ensuite apparus.

Génétique

Grâce au développement du séquençage génétique dans les années 2000, les données issues des génomes étudiés apportent des informations sur les liens génétiques entre différentes espèces. Ainsi, après avoir séquencé quelque sept mille gènes chez les hominoïdes en 2003, des chercheurs ont conclu que les gènes impliqués dans l'ouïe et l'odorat auraient connu une évolution plus rapide chez l'homme que chez les grands singes16. En conséquence, l'apprentissage du langage, caractère essentiel distinguant l'homme des grands singes, pourrait résulter d'une mise au point de l'acuité auditive chez l'homme. Au-delà de cette différence, les analyses génétiques ont révélé que les génomes de l'homme et du chimpanzé étaient identiques à 98,8 %, malgré les différences morphologiques constatées.

Par ailleurs, depuis 2010 ont été comparés les génomes de l'homme de Néandertal (disparu il y a trente mille ans) et de l'homme actuel. Il a été constaté que nous possédions 1,5 à 2,1 % de gènes néandertaliens dans l'ensemble de notre génome et que ces deux espèces auraient divergé il y a environ 660 000 ans. Ces études ont également montré que sur deux cent douze régions du génome, vingt ont rapidement évolué et auraient subi une sélection très forte chez les Sapiens. Parmi ces régions qui auraient conféré des avantages à l'homme moderne, plusieurs sont impliquées dans l'apprentissage, la relation aux autres, ainsi que le métabolisme.

Une évolution buissonnante

Le modèle d'évolution « en buisson » propose à partir de la divergence chimpanzés/hominines l'existence de nombreuses lignées évolutives ayant chacune développé certains caractères dérivés (apomorphes) tout en conservant certains caractères ancestraux (plésiomorphes), avec souvent une association de ces caractères en mosaïque propre à chaque espèce. Certains caractères dérivés semblables ont pu être acquis indépendamment dans plusieurs lignées, selon un processus de convergence. Ainsi, *Homo sapiens* et l'Homme de Néandertal ont tous deux développé indépendamment de gros cerveaux. En l'absence d'analyse génétique, ce facteur complique l'analyse des liens de parenté entre les différentes espèces d'hominines.

Ce modèle peut s'illustrer par un arbre avec de nombreuses branches courtes, des embranchements (encore) inconnus, et de longues branches éloignées qui peuvent coexister pendant longtemps.

Chapitre /7

Histoire du climat

L'**histoire du climat** est marquée par une alternance de phases de réchauffement et de glaciation ponctuant les changements climatiques successifs.

Disciplines et historiographie

L'histoire du climat est reconstituée par deux disciplines : la paléoclimatologie pour les phases antérieures au début de la Préhistoire et la climatologie historique pour celles qui ont suivi.

Phasage

Température globale moyenne au cours des 540 derniers millions d'années.

Depuis l'Archéen

Histoire du climat : évolution des températures planétaires au Phanérozoïque.

Paradoxe du Soleil jeune et faible, il y a entre 4,0 et 3,0 milliards d'années

La Grande Oxydation, il y a environ 2,4 milliards d'années et qui a probablement entraîné la glaciation huronienne

Il y a entre 650 et 600 millions d'années,

la Terre boule de neige ou glaciation marinoenne de la fin du Néoprotérozoïque, précurseur de l'explosion cambrienne

Extinction de masse de la fin du Botomien, il y a 517 Ma, cette extinction de masse ainsi que les deux suivantes sont mal comprises

Extinction du Dresbachien, il y a 502 Ma

Extinction du Cambrien-Ordovicien, il y a 485,4 ± 1,9 Ma

Extinction Ordovicien-Silurien, il y entre 450 et 440 Ma, causée par une importante glaciation possiblement due au mouvement des plaques tectoniques

Glaciation de l'Andéen-Saharien, il y 450 Ma

Extinction du Dévonien, il y a entre 380 et 360 Ma2

Glaciation du Karoo, il y a entre 360 et 260 Ma

Il y 305 Ma, un climat plus froid provoque la disparition des forêts du Carbonifère

Extinction Permien-Trias, il y a 252,17 ± 0,06 Ma
Extinction Trias-Jurassique ou extinction T-J, il y a 200 Ma, les causes ne sont pas connues4
Formation des trapps du Dekkan, il y a 66 Ma, peut-être suite à 30 000 années consécutives d'activité volcanique ou un impact important de météores
Extinction Crétacé-Paléogène, il y a 66 Ma, (extinction des dinosaures non-aviens)
Maximum thermique du passage Paléocène-Éocène, il y a 55,8 Ma
Optimum climatique de l'Éocène, il y a entre 54 et 49 Ma
Événement Azolla, il y a 49 Ma, qui pourrait avoir mis fin à une longue période chaude
Il y a entre 5,3 et 2,6 Ma, le climat du Pliocène est devenu plus froid et sec avec des saisons marquées, semblable au climat moderne
Depuis 2,5 Ma jusqu'aux glaciations récentes de l'Holocène, avec de la glace permanente sur les régions polaires

Forçages externes naturels

Parmi les sources de forçage externe naturel figurent :

•l'activité volcanique ;

•l'activité solaire, avec l'apparition et la disparition de tâches solaires, selon un cycle solaire de onze ans

•les paramètres orbitaux de la Terre, qui suivent plusieurs cycles (cycles de Milankovitch) à l'échelle des dizaines de milliers d'années (voir plus bas) ;

•le passage du système solaire dans un milieu interstellaire dense en hydrogène, lors duquel l'héliosphère rétrécit et l'accrétion d'hydrogène par les planètes comme par le Soleil s'accroît. L'hydrogène accrété par le Soleil augmente légèrement sa luminosité, tandis que celui accrété par la Terre réagit avec l'oxygène présent dans la haute atmosphère, ce qui pourrait accroître la formation de nuages dans la mésosphère, réduisant l'énergie solaire reçue à la surface de la planète, notamment dans les régions polaires.

Activité volcanique

Les émissions gazeuses des volcans ont deux effets opposés : les aérosols (émissions de SO2 et poussières) obscurcissent l'atmosphère, augmentent la pluviométrie et refroidissent le climat ; dans un second temps, les grandes quantités de gaz à effet de serre émis provoquent un effet de serre additionnel. L'effet de serre a pour conséquence, à l'instar du climat dans une serre, d'amplifier les différences de températures : s'il y a du soleil, la chaleur est conservée et réfléchie, s'il n'y a pas de soleil, la chaleur rentre plus difficilement et par conséquent il fait plus froid. La majorité des extinctions des espèces du passé semble due à une variation climatique brutale.

La chute de la météorite du Chicxulub au Mexique est souvent évoquée comme cause initiale de l'effondrement de la biodiversité à la fin du Crétacé. Selon Courtillot en 2004, les éruptions volcaniques (induites ou indépendantes de chocs météoritiques) qui ont déposé des quantités gigantesques de trapps dans le Deccan en Inde à la fin du Crétacé seraient responsables de la perturbation du climat, intervenue durant des centaines d'années, à une vitesse dépassant la cadence des adaptations évolutives possibles des espèces.

De même, la crise des trapps de Sibérie serait associée

à l'hécatombe de la fin du Permien.

À une échelle infiniment moindre, des perturbations mesurables ont suivi l'éruption du Pinatubo en 1991 et, en 1783-1784, celle des Lakagígar (éruption islandaise dont le nuage a laissé une trace dans les registres de mortalité d'Europe (Courtillot, 2005)). En 1815, l'éruption du Tambora a également eu des conséquences climatiques mondiales, avec de fortes perturbations en 1816 qui sont restées dans les annales climatiques comme « l'année sans été ».

Cycles solaires

La théorie des cycles solaires, développée par l'Allemand Heinrich Schwabe vers 1840, puis par l'Américain George Hale en 1906, explique les faibles variations climatologiques qui ont lieu tous les onze ans, cycle correspondant à celui des taches solaires qui ont une périodicité de onze ans ; lorsque le nombre de taches solaires est important, le Soleil émet plus d'énergie (la Terre en reçoit donc plus) et donc un changement de température a lieu. Ce rayonnement influe de manière complexe sur la nébulosité (Cf. principe physique de la chambre à brouillard) et donc à la fois sur l'albédo planétaire et l'effet de serre dû aux nuages et à la vapeur d'eau. Ces taches sont plus froides (4 500 K) que la surface du Soleil (5 800 K environ), mais elles correspondent à une augmentation du rayonnement en rayons X qui peut augmenter de 1 000 fois pour 1 % dans la lumière visible dans les périodes d'intense activité. La petite période glaciaire observée entre les années 1645 à 1715, est une illustration de la théorie de l'influence des variations de température dues au cycle des taches solaires. Un nombre inhabituellement faible de taches solaires y ont été observées (minimum de Maunder).

Paramètres orbitaux

Paramètres de Milanković.

À l'échelle des dizaines et centaines de milliers d'années, les variations du climat sont gouvernées par des facteurs astronomiques, les paramètres de Milanković.

Cette théorie proposée par Milutin Milanković entre 1911 et 1941, confirmée par l'étude de l'oxygène , et largement approuvée par la communauté scientifique explique les cycles climatiques glaciaires /

interglaciaires par les variations d'excentricité, d'obliquité et de précession terrestre. Selon cette théorie, sans forçage anthropique la planète devrait entrer dans une nouvelle ère de refroidissement, ou entrer dans une phase interglaciaire exceptionnellement longue et stable (encore 50 000 ans.

Forçage tectonique : déplacements des continents vers les pôles

Pour comprendre l'influence des déplacements des continents, il faut d'abord savoir que les courants océaniques ont une influence très importante sur les changements climatiques, les continents n'ont en réalité pas d'influence directe sur le climat, mais ils permettent en se déplaçant la formation ou l'arrêt des courants marins.

L'exemple de l'Antarctique : avant la dislocation du supercontinent Gondwana, le climat antarctique était chaud et humide ; dès que l'Australie, l'Afrique et l'Amérique du Sud ont migré vers le nord, les divers détroits se sont ouverts et un courant océanique circulaire (appelé courant circumpolaire) commença. En quelque temps, le climat se modifia pour atteindre celui actuel avec une énorme calotte glaciaire qui se mit en place sur le continent antarctique, malgré son aridité (c'est la zone la plus aride du monde), mais toute la neige s'accumule au sol, car à −45 °C de moyenne, la pression de sublimation est négligeable ; la cause d'ablation est d'origine éolienne et sur les côtes, le vêlage des glaciers. D'autre part, le « tapis roulant » océanique tourne en environ 2 000 ans. Si la circulation thermohaline venait à être interrompue, le climat serait très nettement perturbé.

Les deux modèles informatiques de climats (américain et européen) donnent des résultats assez semblables, mais sont très largement dépendants des facteurs anthropiques.

Forçages externes anthropiques

Alors que les changements climatiques naturels se font généralement sur de très longues périodes, ce qui implique une certaine adaptation des espèces animales et végétales, les changements anthropiques (c'est-à-dire liés aux activités humaines) sont très rapides et par conséquent menacent les écosystèmes souvent fragiles.

Émissions anthropiques de gaz à effet de serre

Facteurs contribuant au changement climatique de la période 1850-1900 à la moyenne de 2010-2019, tels que rapportés dans le sixième rapport d'évaluation du GIEC. Tous les facteurs énumérés sont d'origine humaine, le GIEC n'ayant constaté aucune contribution significative de la variabilité interne ou des facteurs solaires et volcaniques.

Le changement climatique constaté depuis le 20e siècle est principalement du aux activités humaines telles que l'utilisation massive d'énergies fossiles.

Hypothèse de l'hiver nucléaire

Hiver nucléaire.

Un hiver nucléaire est un phénomène climatique hypothétique, de baisse globale des températures de surface, prédit comme pouvant être le résultat d'une guerre nucléaire massive. Il serait analogue à l'hiver volcanique ou à l'hiver d'impact.

Chapitre /8

Dieu existe-t'il ?

Les **arguments sur l'existence de Dieu**,

en faveur ou en défaveur de son existence, ont été nombreux au cours de l'histoire de la philosophie et de la théologie. Le Dieu dont il est question ici est ce que l'on nomme parfois le Dieu des philosophes, à savoir le Dieu des grandes religions du Livre (judaïsme, christianisme, islam), tel qu'il a été conceptualisé par les philosophes. Ses attributs sont d'être le créateur du monde, omniscient, omnipotent et bon. Cet article s'efforce de recenser les principaux arguments sur l'existence de Dieu, c'est-à-dire ceux ayant été les plus invoqués et discutés.

Arguments métaphysiques et logiques

Argument ontologique

Cet argument a été proposé à de multiples reprises, il peut se formuler sous la forme générale du syllogisme suivant :

1. Dieu est un être parfait.
2. Une perfection *qui ne comprendrait pas l'existence* ne serait évidemment pas complète.
3. Donc, Dieu est *aussi* doté de l'existence.

Une version célèbre est celle d'Anselme de Cantorbéry, dans son *Proslogion*. Son argument est que Dieu est l'être *tel que rien ne se peut penser de plus grand, et cela tant dans l'intellect que dans la réalité.* Ainsi, selon lui, pensant à l'être le plus grand, nous ne pouvons penser réellement que Dieu n'est pas : la pensée de Dieu implique son existence. Gaunilon puis Thomas d'Aquin feront des objections à cet argument.

Descartes a proposé une autre version : « [...] je ne puis concevoir Dieu sans existence, il s'ensuit que l'existence est inséparable de lui, et partant qu'il existe véritablement : non pas que ma pensée puisse faire que cela soit de la sorte, et qu'elle impose aux choses aucune nécessité, mais, au contraire, parce que la nécessité de la chose même, à savoir de l'existence de Dieu, détermine ma pensée à le concevoir de cette façon. Car il n'est pas en ma liberté de concevoir un Dieu sans existence (c'est-à-dire un être souverainement parfait sans une souveraine perfection), comme il m'est libre d'imaginer un cheval sans ailes ou avec des ailes. » .

L'argument ontologique a subi de nombreuses réfutations dont le principe général est que l'existence d'une chose ne peut être prouvée qu'à partir de son observation et non à partir de sa définition. Le premier philosophe à s'efforcer de réfuter cet argument est Gaunilon, qui adresse des objections à Anselme juste après la parution du *Proslogion.* Après lui, Kant a consacré une longue partie du livre II de la *Critique de la raison pure* à réfuter l'argument ontologique sur lequel d'après lui deux grands autres arguments pour l'existence de Dieu, la preuve cosmologique et la preuve physico-théologique (appel au dessein), reposent.

Pour Kant, l'existence n'est pas une propriété intrinsèque, on ne peut pas légitimement dire que l'existence appartienne au concept de Dieu : c'est confondre le contenu conceptuel et le prédicat existentiel d'une chose. Ainsi pour Kant, le concept de Dieu demeure le même, qu'il existe ou pas : ce « concept de Dieu » ne prouve rien, n'indiquant qu'une possibilité4,5. Afin de l'illustrer, Kant prend l'exemple suivant : « Cent thalers réels ne contiennent rien de plus que cent thalers possibles. Car, comme les thalers possibles expriment le concept et les thalers réels, l'objet et sa position en lui-même, au cas où celui-ci contiendrait plus que celui-là, mon concept n'en serait pas le concept adéquat. Mais je suis plus riche avec cent thalers réels qu'avec leur simple concept (c'est-à-dire avec leur possibilité). »

Argument cosmologique ou argument de la cause première

Cause première.

L'argument cosmologique est un type d'argument qui prend appui sur certaines caractéristiques de l'Univers afin de démontrer l'existence d'une cause première, généralement comprise comme étant Dieu. Il est aujourd'hui très discuté par les philosophes analytiques dans la version dite *Kalâm* réadaptée par William Lane Craig en 1979. Selon le philosophe

Quentin Smith, « un décompte des articles dans les journaux de philosophie montre que le nombre de publications portant sur la défense de l'argument du Kalam par Craig dépasse celui de n'importe quelle autre formulation d'un argument en faveur de l'existence de Dieu par un philosophe contemporain. »
L'argument avancé par Craig se résume en deux prémisses amenant à une conclusion :

1. Tout ce qui commence à exister a une cause de son existence.
2. L'univers a commencé à exister.
3. Si 1) et 2) sont vrais, alors 3) l'Univers a une cause de son existence.

Pour tenter de démontrer la probabilité des deux premières prémisses, Craig utilise des principes métaphysiques généraux (prémisse 1), des arguments philosophiques (notamment l'impossibilité d'un nombre réellement infini d'événements passés) et scientifiques, dont la théorie du Big Bang (prémisse).

Histoire et variantes

La première référence à cet argument se trouve chez Platon (*Lois*, X, 894d-895b), puis il est développé par Aristote dans sa *Métaphysique* (Λ, 1-6).

L'argument cosmologique est repris au Moyen Âge par des philosophes musulmans comme Al-Kindi, puis par saint Thomas d'Aquin et à l'époque des Lumières par Leibniz et Samuel Clarke.
Cet argument peut se diviser en trois grands groupes :
1.L'impossibilité d'un retour en arrière infini et ordonné (Thomas d'Aquin).
2.Le principe de la raison suffisante (Leibniz et Clarke)
3.L'impossibilité d'un univers sans commencement dans le temps (Kalâm)
Kant en a proposé une réfutation indirecte en se fondant sur l'argument ontologique. D'après lui, après avoir observé la contingence du monde, l'argument cosmologique doit poser l'existence d'un être nécessaire ; il est alors obligé de recourir à l'argument ontologique, qui déduit du concept de Dieu qu'il existe. Or l'argument ontologique est invalide, donc l'argument cosmologique l'est aussi.
Pour Frédéric Guillaud, avec la publication de son livre en 1979 sur l'argument cosmologique du Kalâm, « William Lane Craig a tiré beaucoup de philosophes de leur sommeil dogmatique kantien » et « a déclenché une avalanche d'études et

rouvert des champs de réflexion que les philosophes avaient laissé en friche depuis très longtemps ».

La variante leibnizienne

La variante proposée par Leibniz, souvent qualifiée d'argument cosmologique « par la contingence » connaît un certain regain de popularité de nos jours. Défendue par des philosophes contemporains comme Alexander Pruss et Joshua Rasmussen , elle se base sur la distinction entre les êtres contingents et nécessaires et postule que puisqu'il existe quelque chose de contingent, il doit exister quelque chose de nécessaire. Contrairement à l'argument cosmologique pour une cause première, elle ne postule pas que l'univers a un commencement et se veut donc appliquable même dans le cas d'un univers éternel. Van Steenberghen l'établit ainsi :

1.Tout ce qui existe existe ou bien par soi ou bien par autre chose (principe de raison suffisante).

2.Quelque chose existe.

3.Tout ce qui existe ne peut pas exister par autre chose.

4.Donc quelque chose existe par soi.

Il argumente pour la validité de troisième prémisse comme suit : « La proposition "La totalité de ce qui existe, existe par autre chose", est évidemment contradictoire, puisque ce qui est affirmé comme "totalité" dans le sujet est nié comme "totalité" dans le prédicat, étant donné que l'on pose "autre chose" que la "totalité" ».

Il s'ensuit généralement chez la plupart des auteurs un argumentaire visant à dénier que l'univers puisse être cet être nécessaire, que donc il faut le chercher hors de l'univers, et enfin à le rapprocher du concept théiste de Dieu : être personnel, immatériel, intemporel etc.

Cet argument a été souvent critiqué pour sa première prémisse : certains philosophes niant le principe de raison suffisante avancent l'idée d'un univers qualifié par Russel de « fait brut » lors d'un débat à la BBC, qui n'aurait de raison d'être ni en lui-même ni en autre chose, mais qui simplement serait, pour aucune raison. D'autres philosophes, trouvant que la négation du principe de raison suffisante implique un trop grand scepticisme sur le réel, préfèrent plutôt soutenir qu'il n'est pas démontré que l'univers soit contingent, et qu'ainsi l'argument cosmologique de Leibniz n'est pas probant. C'est le cas par exemple de Hume :

« Why may not the material universe be the necessarily existent Being ? ».

Arguments empiriques

Argument téléologique ou l'appel au dessein

Théologie naturelle, dessein intelligent et principe anthropique.

L'appel au dessein ou argument téléologique postule qu'il existe des fins dans la nature ce qui implique l'existence d'un principe intelligent, ordonnateur du monde, c'est-à-dire d'un Créateur. C'est l'argument classique de la théologie naturelle connu pour la formulation qu'en a donné William Paley :
« Supposons qu'en marchant dans la lande je tombe sur une pierre et qu'on me demande comment la pierre est arrivée là; je pourrais répondre que, à ma connaissance, elle était là de tout temps; il ne serait peut-être pas facile de montrer non plus l'absurdité de cette réponse. Mais supposez que j'avais trouvé une montre sur le sol, et qu'on me demande comment la montre était arrivée à cet endroit, je ne penserais

même pas à ma précédente réponse, qu'à ma connaissance, la montre était là de tout temps. »

Ceci rappelle le distique de Voltaire :

> « L'univers m'embarrasse, et je ne puis songer
> Que cette horloge existe et n'ait point d'horloger »

— Voltaire

L'argument téléologique peut se formuler sous la forme du syllogisme suivant :

1.Il existe de l'ordre dans la nature

2.Or la matière ne produit pas spontanément de l'ordre

3.Donc la cause de l'ordre de la nature est intentionnelle

Les exemples de phénomènes finalisés dans la nature, invoqués pour justifier la première prémisse, sont le plus souvent tirés de l'ordre apparent du monde vivant. Plus récemment, le principe anthropique a été utilisé comme justification.

L'argument téléologique est une raison pour laquelle nombre de philosophes des Lumières ont opté pour une position déiste (Voltaire, Rousseau…). Il a été en grande partie affaibli par l'hypothèse de la sélection naturelle qui explique l'organisation du vivant sans recourir à Dieu (invalidation de la seconde prémisse). Les théories du dessein intelligent en sont une résurgence, discréditée dans la communauté scientifique.

Cet argument avait déjà été critiqué par Hume dans les *Dialogues sur la religion naturelle* . Il montre en effet, en s'appuyant essentiellement sur notre ignorance, qu'il peut y avoir une genèse de l'ordre sans intention démiurgique :

1.Tout d'abord, nous passons inconsidérément de notre ignorance des causes réelles à la certitude d'un dessein divin ; cette dernière certitude reflète donc surtout le fait que nous n'avons pas d'autres hypothèses plausibles à disposition ;

ensuite, nous ne connaissons pas assez bien la matière pour décider a priori qu'elle ne contient aucun principe d'ordre.

L'argument de la superfluité est une réponse à l'argument téléologique.

Argument moral

« Mais alors, que deviendra l'homme, sans Dieu et sans immortalité ? Tout est permis, par conséquent, tout est licite ? » Fédor Dostoïevski

L'argument moral prend plusieurs formes, il peut correspondre au modus tollens suivant :

1.Si Dieu n'existe pas, alors les valeurs morales objectives n'existent pas.
2.Or les valeurs morales objectives existent.
3.Donc, Dieu existe.

L'objectivité des valeurs morales doit ici être comprise comme vraie en tout temps et en tout lieu, en dehors de ce que les êtres humains pensent d'elles. Ainsi, selon le philosophe et théologien William Lane Craig, « dire que la Shoah fut objectivement mauvaise équivaut à dire qu'elle fut mauvaise même si les Nazis qui l'ont mise en œuvre pensaient que cela était bon, et qu'elle aurait toujours été mauvaise même si les Nazis avaient remporté la Seconde guerre Mondiale et exterminé ou lavé le cerveau de tous ceux qui auraient pensé le contraire.

Argument du consensus universel

C'est un argument proposé par Cicéron (*De natura deorum*), suivant lequel la croyance universelle des peuples en quelque chose de divin est une preuve suffisante pour établir son existence. Dans ce cas, la minorité des non-croyants serait en leur défaveur.

Cet argument est un cas particulier d'argument d'autorité où la majorité est prise comme autorité compétente pour connaître Dieu.

Mais, même en régime démocratique, le fait qu'une écrasante majorité de personnes soutiennent une opinion ne suffit pas à prouver sa véracité. De nombreux exemples peuvent être pris à l'appui de cela telle la croyance universelle en une époque reculée au géocentrisme (le Soleil tournant autour de la Terre).

Si certains théologiens ont défendu l'existence d'un *sensus divinitatis* (Calvin) d'autres penseurs ont soutenu que la croyance en Dieu est une illusion, une erreur universelle de nos facultés cognitives au même titre que la perception du bâton rompu dans l'eau.

D'autres, au contraire, essaient de renverser l'argument en s'étonnant de l'existence d'athées dans un monde créé par Dieu. Pourquoi Dieu a-t-il permis qu'une telle désobéissance envers lui - fût-elle minoritaire - soit possible ? C'est l'argument de l'existence de l'incroyance qui sera détaillé plus bas.

Argument de la révélation

Révélation.

Les textes sacrés sont la parole de Dieu révélée aux hommes, donc ils doivent être crus. L'argument est présenté à la fois par certains protestants (pour qui la Bible est l'autorité supérieure) et par certains musulmans (qui se réfèrent au Coran). Il est peu utilisé par les catholiques (qui, tout en considérant la Bible comme la parole de Dieu, n'en font pas, à la différence des Protestants, l'autorité première ; un protestant croit à la Bible parce que c'est la Bible ; un catholique croit à la Bible parce qu'il croit d'abord à l'Église qui la lui donne).

Plusieurs reproches peuvent être adressés à cet argument dont :

•Présenté ainsi, c'est une pétition de principe, l'existence de Dieu est prouvée par l'existence de sa parole qui l'implique déjà. Ce qui reste à prouver, et pas seulement pour les athées, c'est que ces textes sacrés sont bel et bien la parole de Dieu ; Nicolas Malebranche écrit : « Ne voyez-vous pas que la certitude de la foi vient de l'autorité d'un Dieu qui parle, et qui ne peut jamais tromper. Si donc vous n’êtes pas convaincu par la raison, qu’il y a un Dieu, comment serez-vous convaincu qu’il a parlé ? Pouvez-vous savoir qu’il a parlé, sans savoir qu’il est? »

•La présentation générale suivante expose bien la faille :

1.Les textes sacrés affirment l'existence de Dieu
2.Or ces textes sont véridiques car parole de Dieu
3.Donc, Dieu existe

La seconde prémisse contient déjà la conclusion ! Le raisonnement est entaché de circularité (cercle vicieux).

•La pluralité des révélations. Il existe de nombreuses religions incompatibles prétendant être fondées sur la parole de Dieu, soit Dieu s'est révélé à plusieurs reprises et de manière incohérente (ce qui ne correspond pas à l'attitude attendue d'un être bon et omniscient) soit certaines de ces religions sont fausses. Si on accepte ce dernier cas de figure, il faut utiliser un critère extérieur à la révélation pour discerner parmi les religions révélées lesquelles sont vraies. Ces critères peuvent exister (les catholiques invoquent les miracles du Christ, la sainteté de sa vie, l'accomplissement des prophéties messianiques, etc. –

c'est l'argument christologique , mais cela revient à admettre que la (prétention à la) révélation ne suffit pas à prouver la vérité d'une religion.

•Dans le contexte catholique, il existe en effet une discipline particulière, l'apologétique, dont l'objet est d'établir par des voies rationnelles la *crédibilité* de la révélation telle qu'elle est comprise dans cette religion. Il en ressort pour le moins que les arguments «à partir de la révélation» ne sont pas *ipso facto* des arguments de foi, au sens où ils reposeraient purement et simplement sur la croyance en la vérité d'une révélation donnée, puisque cette vérité est censée être connaissable par une raison humaine de bonne foi. Cependant, il est à noter que la fonction attribuée à la révélation dans diverses religions n'est pas tant de nous faire connaître *que Dieu est*, mais bien plutôt *qui il est*, et que nous pouvons entrer avec lui dans certains rapports déterminés, pratiquement nécessaires à notre salut. – Ce qui nous amène à une question connexe, absolument capitale au moins depuis Jean Duns Scot: si le Dieu dont la philosophie (physique et métaphysique, prises au sens aristotélicien) peut éventuellement démontrer l'existence et certains attributs est, au plein sens du terme, le Dieu de la foi (celui du théologien, pour Duns Scot). Pour Duns Scot (comme pour Thomas d'Aquin, d'une autre manière) c'est bien le même Dieu unique de part et d'autre, mais la connaissance que nous en donne la raison philosophique est insuffisante, non seulement, bien entendu, au salut, mais même d'un point de vue simplement spéculatif. Ce n'est pas tout de démontrer que (ce) Dieu existe, il faut encore le connaître: la démonstration de l'existence d'une chose dont la nature n'est pas adéquatement connue est bornée dans sa valeur, non seulement pratique, mais même théorique. La jonction entre le «Dieu des philosophes» et le «Dieu d'Abraham, d'Isaac et de Jacob», selon la formule de Pascal, n'est pas de soi évidente: à cet égard, les arguments rationnels en faveur de l'existence de Dieu (sans être forcément «inutiles et incertains», comme Pascal le dit de Descartes) doivent nécessairement, pour avoir une valeur religieuse, être complétés par des arguments de type apologétique – à moins que l'on ne suppose chez l'homme une autre manière de rentrer en contact direct avec le premier principe dont on a prouvé l'existence.

Présentation par l'Église catholique

Quinque viae.

Pour l'Église catholique (comme le soulignent, entre autres, les encycliques *Fides et ratio*, 1998, et *Humani Generis*, 1950, ainsi que le *motu proprio Sacrorum Antistitum*, 1910), la raison humaine est capable « par ses seules forces » (c'est-à-dire indépendamment de toute démarche de foi ou de révélation) d'arriver à la certitude de l'existence de Dieu. Elle cite en ce sens plusieurs textes bibliques : Sagesse 13:1-10 et Romains 1:20.

Depuis l'encyclique *Æterni Patris* (1879) de Léon XIII, l'Église catholique reconnaît la validité des *Quinque viae*, les cinq preuves de Thomas d'Aquin considéré comme l'auteur de référence en la matière. Ce point de doctrine a été rappelé par Jean Paul II dans l'encyclique *Fides et ratio* et dans plusieurs déclarations.

Ces cinq preuves sont :

1. la preuve par le mouvement (au sens large : mouvement dans l'espace ou bien transformation) : tout être en mouvement est mis en mouvement par un autre ; or on ne peut pas remonter de proche en proche

à l'infini, il faut un être immobile capable de communiquer le mouvement à d'autres êtres, un « moteur immobile » ;

2.il existe un enchaînement de causes à effet dans la nature, or il est impossible de remonter de causes à causes à l'infini ; il faut nécessairement une Cause Première : c'est Dieu ;

3.les êtres de notre univers sont « contingents », ils sont indifférents à exister ou à ne pas exister : s'ils existent, c'est parce qu'un autre être, lui-même contingent, les a amenés à l'existence ; *l'ensemble* de tous les êtres contingents est lui-même contingent, et là encore on ne peut pas remonter indéfiniment : il faut un « être nécessaire » (sinon, rien n'existerait, ce que Leibniz résumait ainsi : « Pourquoi y a-t-il quelque chose plutôt que rien ? »), un être qui ne peut pas ne pas exister ; comme il est nécessaire, il est nécessairement ce qu'il est, il ne peut pas être autre chose que ce qu'il est, *il a donc en lui toutes les perfections possibles* (sinon, il aurait pu avoir une perfection de plus, il aurait pu être différent de ce qu'il est ; de plus, une perfection possible qui existerait sans se trouver dans cet être nécessaire infiniment parfait, d'où viendrait-elle ? qui lui communiquerait son existence ?) ;

4.le degré de perfection des êtres : c'est une preuve reprise de Platon, qui a remarqué qu'il y a des perfections dans les choses (bien, beau, amour, etc.) mais à des degrés différents. Or il faut nécessairement qu'il y ait un Être qui possède ces perfections à un degré maximum, puisque dans la nature toutes les perfections sont limitées ;

5.on observe un ordre dans la nature. Or à tout ordre il faut une intelligence qui le commande. Cette Intelligence ordinatrice est celle de Dieu.

Les trois premières preuves sont des formes différentes de l'argument de la cause première. Elles utilisent une régression infinie et invoquent Dieu pour y mettre fin. Le cinquième argument est l'appel au dessein.

Les autres arguments, y compris l'argument ontologique de Saint Anselme, ne bénéficient pas de la recommandation de l'Église. L'argument de S. Anselme est considéré comme éventuellement intéressant sur le plan de la spiritualité (de la méditation), mais dénué de valeur probante (puisqu'on passe du domaine des idées à une conclusion dans le domaine du réel). Le « pari de Pascal » est difficilement compatible avec l'enseignement de l'Église, puisqu'il met en valeur un aspect d'incertitude, là où l'Église insiste sur la nécessité de parvenir à une certitude (préalable à l'acte de Foi).

Les autres arguments

•L'argument historique : soutenu dans les premières sociétés du Proche-Orient ancien. L'homme serait trop anxieux pour avoir la possibilité de libérer lui-même un esprit assez créatif afin de résoudre ses problèmes et être réellement responsable des premières inventions. D'autre part, il serait trop égocentrique pour s'orienter de lui-même vers une société organisée, sans qu'une force venue d'ailleurs la lui ait originellement imposée.
•L'argument panthéiste, qui définit le divin comme le Tout. Un des premiers à définir cet argument est Spinoza, bien que sans employer le mot de « panthéisme ».
•L'argument de la limite de la connaissance humaine qui par corollaire établit un domaine au-delà de ces limites – donc un domaine dans lequel on peut placer

Dieu. Cet argument est proche de la notion de croyance proposée par Kant.

•L'argument anthropique pour l'existence de Dieu, présenté par le Dr Gregory A. Boyd. Il y est établi que notre univers ne pourrait pas avoir créé des êtres personnels (c'est-à-dire aimants, rationnels, conscients, moraux, et motivés par un but) sans que notre environnement le soit aussi, parce que sinon il ne nous correspondrait pas, et ce serait comme si la nature accouchait d'un poisson alors qu'elle ne contient pas d'eau.

•L'argument tiré de l'existence de la conscience, défini par John Henry Newman. Selon ce théologien du XIXe siècle, canonisé par l'Église catholique, l'existence de la conscience qui loue ou blâme nos actions implique nécessairement l'existence d'un Dieu Père et juge.

Arguments contre l'existence de Dieu

Arguments métaphysiques et logiques

L'existence de Dieu est invérifiable et donc vide de sens

Selon la théorie vérificationniste de la signification, le sens d'un énoncé est déterminé par ses conditions de vérification.

Or Dieu n'est pas un être dont l'existence puisse être testée empiriquement. En conséquence, selon cette théorie, tout énoncé sur l'existence ou l'inexistence de Dieu — comme de nombreux concepts métaphysiques — est dépourvu de sens. L'intérêt de cet argument est qu'il supprime le débat concernant l'existence ou l'inexistence de Dieu, puisque cela n'est pas démontrable, dans un sens ou dans l'autre. L'argument provient de Rudolf Carnap, notamment dans « La tâche de la logique de la science » (1934), et s'applique à tout énoncé métaphysique, y compris l'existence de Dieu.

L'autre argument vient des principes fondamentaux de la logique rationnelle : c'est à la personne (ou au groupe) qui énonce une affirmation dans l'ordre du *positif* qu'il revient de prouver cette chose, et non à celle (ou celui) qui la réfute. C'est l'idée de Bertrand Russell et son expérience de pensée de la théière de Russell.

Argument de la régression à l'infini

Cet argument se veut une réponse à l'argument de la cause première.
Il est souvent proposé sous cette forme : Si Dieu permet d'expliquer la création du monde, d'où provient la création de Dieu lui-même ?
Ou bien : si tout a une cause, qu'est-ce qui cause Dieu ?
Mais en réalité, l'argument de la cause première ne dit pas que tout a une cause (ce qui impliquerait effectivement une régression à l'infini), mais que tout a une raison d'être (soit en lui-même, soit en une autre chose) ou, dans l'argument cosmologique du Kalam, que tout ce qui commence à exister a une cause, mais Dieu n'est pas concerné par cette affirmation, car il n'a pas commencé à exister.
C'est précisément pour éviter la régression à l'infini que cet argument pose l'existence d'un être qui a en lui-même sa raison d'être (il n'a pas besoin d'une cause

extérieure à lui : il existe par lui-même, de toute éternité, en dehors du temps, sans rien recevoir de personne). C'est cet être existant par lui-même (sans rien recevoir d'un autre) qui est appelé Dieu.
On remarquera alors que si quelque chose peut ne pas commencer à exister, alors l'univers peut ne pas commencer à exister, et Dieu n'est donc plus nécessaire pour expliquer l'origine de l'univers. De manière générale, tout argument utilisé pour dire que l'univers ne peut être incréé s'applique également à Dieu. De plus, un être hors du temps qui « crée » ou « cause » l'univers pose un problème de logique.Thomas d'Aquin tente de résoudre ce paradoxe dans l'une des *quinque viae*.

Dieu face à un paradoxe logique

Paradoxe de l'omnipotence.

Dieu est omniscient (il sait tout) et omnipotent (il peut tout). Or, est-il capable de créer une pierre assez lourde pour qu'il ne puisse pas la soulever ? Si oui, il est donc omnipotent d'une part (création de la pierre) mais d'une autre, il ne peut la soulever et donc il n'est pas omnipotent. D'autres paradoxes viennent de la contradiction entre ces deux attributs : Dieu peut-il faire, par exemple, que quelque chose qu'il sait devoir arriver n'arrive pas ? Ces divers paradoxes ont été abondamment discutés, en particulier au Moyen Âge.

Argument épistémique : l'argument de la superfluité

Dieu bouche-trou.

Cet argument présente la forme générale :

1.Dieu n'est pas nécessaire pour expliquer le monde

2.Or, il ne faut croire qu'aux entités nécessaires pour expliquer le monde

3.Donc, il ne faut pas croire en Dieu

La seconde prémisse correspond au rasoir d'Ockham disant que « les entités ne doivent pas être multipliées par delà ce qui est nécessaire ». Autrement dit, ne doit être postulée l'existence que de ce qui est nécessaire pour expliquer le monde.

Cette objection est consignée dans la *Somme théologique* de saint Thomas d'Aquin :

> « Ce qui peut être accompli par des principes en petit nombre ne se fait pas par des principes plus nombreux. Or, il semble bien que tous les phénomènes observés dans

> le monde puissent s'accomplir par d'autres principes, si l'on suppose que Dieu n'existe pas ; car ce qui est naturel a pour principe la nature, et ce qui est libre a pour principe la raison humaine ou la volonté. Il n'y a donc nulle nécessité de supposer que Dieu existe»

Soulignons que l'argument de la superfluité est un argument épistémique, c'est-à-dire qu'il montre qu'il ne faut pas croire en Dieu et non que Dieu n'existe pas. Pour reprendre l'expression de St Thomas « nulle nécessité de supposer que Dieu existe » n'implique pas que Dieu n'existe pas. Cet argument mène ainsi au plus d'après Peter van Inwagen à une présomption d'agnosticisme, c'est-à-dire à penser que la suspension du jugement quant à l'existence de Dieu serait la position la plus raisonnable. D'après van Inwagen, seule une preuve de l'inexistence de Dieu peut rendre raisonnable l'athéisme, et non l'absence de preuves en faveur du théisme. Pour défendre cette thèse, van Inwagen utilise une analogie : l'absence de preuves de l'existence d'intelligences extraterrestres ne justifie pas qu'on la rejette. En l'absence de preuve en faveur ou en défaveur, il est le plus raisonnable de ne rien

croire au sujet des intelligences extraterrestres. Il en irait de même pour Dieu.
Contre cette conclusion agnostique, des athées reprennent la devise d'Euclide de Mégare : « Ce qui est affirmé sans preuve peut être nié sans preuve ». Le problème est de savoir si le fait qu'il n'y ait aucune raison de croire qu'une entité existe suffit pour justifier l'affirmation qu'elle n'existe pas.

Validité de la première prémisse

Pour que la conclusion de l'argument de la superfluité soit vraie, encore faut-il que sa prémisse la plus discutable le soit, à savoir que l'on puisse expliquer tous les phénomènes existants sans invoquer Dieu.
La théologie naturelle a longtemps fait prédominer l'idée que la complexité et l'ordre régnant dans le monde, en particulier chez les êtres vivants, nécessitait l'existence de Dieu pour être expliqués (argument du dessein, décrit *supra*).
Ont notamment été invoqués comme phénomènes nécessitant l'existence de Dieu :
•l'existence du monde lui-même (argument cosmologique)
•l'existence des êtres vivants (argument téléologique)

•l'existence de l'homme, être rationnel et conscient
•l'existence de la moralité (argument moral).

Si certains de ces phénomènes ont reçu une explication scientifique ce n'est pas le cas de tous. La théorie synthétique de l'évolution propose une explication de la diversité des formes vivantes, et en particulier de l'apparition des humains, sans recourir à un créateur. La conscience morale peut elle-même s'expliquer en termes évolutionnistes (cf supra), de même différentes théories sont avancées pour expliquer l'apparition de la vie. L'apparition du monde et l'apparition de la conscience posent bien plus de problèmes à la science contemporaine (respectivement problèmes du Big Bang et problème difficile de la conscience).

Toutefois, la première prémisse de l'argument de la superfluité affirme que tous les phénomènes naturels *peuvent* recevoir une explication scientifique et non que celle-ci a été apportée en l'état actuel de la science. Il s'agit ainsi d'une attitude philosophique de confiance dans le pouvoir explicatif de la science. La justification de cette prémisse peut ainsi prendre la forme d'une induction à partir des succès explicatifs passés de la science : des explications scientifiques

ont déjà pu être fournies pour des phénomènes dont on était autrefois sûr qu'ils requerraient l'existence de Dieu, il est donc probable que des explications scientifiques seront fournies à l'avenir pour les phénomènes dont l'explication requerraient aujourd'hui l'existence de Dieu.
Par ailleurs, quelle valeur a un « Dieu bouche-trou » qui n'est postulé que pour combler les lacunes de la science ? Faire appel au divin est d'autant moins fournir une explication que l'origine même du divin n'est pas expliquée.

Arguments empiriques

Arguments de l'indigence de la Création

L'argument de l'indigence de la Création provient de la question suivante : Comment Dieu, être parfait, aurait-il pu créer un monde imparfait ?
Il se présente sous la forme de la contraposée suivante :
1.S'il existe un être parfait créateur du monde (Dieu par définition) alors sa Création est parfaite
2.Or le monde est imparfait (prémisse empirique)

3.Donc il n'existe pas un être parfait créateur du monde

L'argument se décline sous plusieurs formes selon la manière dont on spécifie la prémisse empirique. Est présenté ici l'argument de l'existence du mal et l'argument de l'existence de l'incroyance (le mal et l'incroyance étant proposés comme cas particuliers d'imperfection du monde)

Argument de l'existence du mal

Théodicée

Cet argument se résume ainsi : Comment peut-il exister un Créateur du monde omnipotent et bon sachant que le mal existe en ce monde ? De l'existence du mal sur la Terre il semble que l'on peut en conclure que celle-ci n'a pas été créée par un être bon et omniscient. Deux attributs divins apparaissent en contradiction.

Dans sa formulation complète, donnée par Lactance, le problème est : « Dieu, ou veut éliminer le mal et ne le peut (*vult tollere mala neque potest*), ou le peut et ne le veut pas (*aut potest et non vult*), ou ne le veut ni le peut (*neque vult neque potest*), ou le veut et le peut (*potest et vult*). S'il le veut et ne le peut, il est impuissant (*inbecillus*), ce qui ne convient pas à Dieu (*quod in deum non cadit*). S'il le peut et ne le veut, il est méchant (*invidus*), ce qui est tout aussi étranger à Dieu (*aeque alienum a deo*). S'il ne le peut ni ne le veut, il est à la fois impuissant et méchant (*inbecillus et invidus*), il n'est donc pas Dieu. S'il le veut et le peut, ce qui convient à Dieu, d'où vient donc le mal ou pourquoi ne le supprime-t-il pas ? »

Pour résoudre cette question les théologiens ont développé de nombreuses solutions que l'on nomme théodicées. On peut reprendre ici une typologie des théodicées dressée par Paul Clavier :

•Les théodicées optimistes

•Les théodicées de la compensation, selon lesquelles le mal subi injustement dans cette vie sera compensée dans l'au-delà. Elles prêtent le flanc à la critique que certaines souffrances ne sauraient être dédommagées.

•Les théodicées du prix de la liberté. Dieu aurait créé les humains doués de libre-arbitre, capable de choisir par eux-mêmes entre le bien et le mal, l'existence du mal est la conséquence nécessaire de la liberté humaine. Cette réponse est celle adoptée par de nombreux penseurs chrétiens, avec le concept de péché originel. Subsiste le problème du mal naturel, catastrophes naturelles tels que raz-de-marée, éruptions volcaniques, et séismes, qui peuvent, certes, être interprétées comme des punitions infligées à des créatures désobéissantes, mais la souffrance ne fût-ce que d'un seul innocent paraît intolérable. Il faut également défendre que la liberté vaut un prix si élevé.

•Les théodicées négationnistes avançant que le mal n'existe pas. Le stoïcisme peut correspondre à une telle réponse, selon lequel le monde est parfait, harmonieux et la douleur n'est qu'une illusion. Il suffit de supprimer cette représentation, par des exercices, pour vivre heureux.

•Les théodicées tragiques

•Les théodicées du « fait du prince ». Le mal est un choix divin dont les tenants et aboutissants nous dépassent. Selon la formule consacrée, « les voies de Dieu sont impénétrables ».

•Les théodicées négatives : Dieu n'est pas bon.

•Les théodicées dualistes : Dieu est bon mais n'est pas tout-puissant, il doit composer avec une force du mal qui lui est extérieure. C'est la position du manichéisme.

Une autre forme de contradiction peut être relevée. Si Dieu est tout-puissant, il doit pouvoir se détruire lui-même, et alors il est possible qu'il ne soit plus et il n'est plus nécessaire qu'il soit éternel. Cet argument est assez faible, dans la mesure où cette définition de la toute-puissance, qui est une contradiction formelle intrinsèque, n'est celle d'aucune religion. Et que Dieu ne commet pas d'acte absurde ou illogique et qu'il faudrait une raison pour que Dieu se détruise et que les raisons habituelles du suicide (manque, souffrance, honte…) sont inconnues de Dieu.

Argument de l'existence de l'incroyance

Si Dieu existe pourquoi tolère-il l'incroyance ? Pourquoi laisse-il certains humains dans l'ignorance de son existence alors qu'il pourrait se montrer à eux pour que tous croient en lui ?
La théologie chrétienne répond que:
1.l'évidence de Dieu est possible par la simple raison, Calvin allant jusqu'à dire qu'il existe un sens inné du divin (*sensus divinitatis*) et que Dieu nous a créé libre de le reconnaître et que pour pouvoir pleinement jouir de cette liberté, il doit nous laisser la possibilité de ne pas croire en Lui. Si certains ne

croient pas en Dieu c'est parce que le péché fausse leur jugement. Dieu tolère l'incroyance pour la même raison qu'il tolère le mal parce qu'il a créé l'homme libre.

Argument de l'invention de l'idée de Dieu

Thèse de Ludwig Feuerbach

Cette thèse, exposée dans *L'Essence du christianisme* par Ludwig Feuerbach, propose comme postulat de départ que Dieu est une création de l'esprit humain. Elle invalide donc a priori la question de la démonstration de l'existence ou de l'inexistence de celui-ci, et se propose seulement d'expliquer et de critiquer le besoin des communautés humaines à croire en l'existence d'un être transcendant. Selon Feuerbach, la singularité des qualités humaines manifestement exceptionnelles au regard du reste du monde connu — conscience, intelligence, créativité, liberté — conduit spontanément les groupes humains à attribuer celles-ci à une puissance supérieure qui en serait à l'origine : « L'être infini ou divin est l'être spirituel de l'homme, projeté par l'homme en dehors de lui-même et contemplé comme un être indépendant. Dieu est esprit, cela, veut dire en vérité : l'esprit est Dieu. Tel est le sujet, tel est l'objet. ». Il nomme ce transfert l'aliénation, dans le sens où les hommes attribueraient à un être extérieur et transcendant des qualités qui leur sont propres. Cette thèse a eu une influence importante sur la pensée de Karl Marx, qui étend notamment dans le texte posthume *Thèses sur Feuerbach* le concept d'aliénation propre au christianisme à l'ensemble des rapports sociaux de production, à travers le travail et la marchandise, en prolongeant et dépassant le matérialisme de Feuerbach par ce qui deviendra le matérialisme historique.

Variante socio-politique

Selon certains philosophes, les religions ont été créées par des mouvements minoritaires et imposées ensuite par les pouvoirs politiques dominants à des fins de fédération des peuples. La foi accordée à l'existence de dieu est liée à la confiance envers les pouvoirs politiques ayant institué les religions correspondantes. Le philosophe Gilbert Boss disait à ce sujet : « Une vieille opinion présente les religions comme des instruments du pouvoir politique. D'une part, le pouvoir utilise les religions existantes, mais de l'autre, il les modifie selon ses besoins ou les invente. C'est ainsi que chez les Romains, Numa Pompilius, le successeur de Romulus, passait pour le fondateur de leur religion, et les esprits éveillés pensaient qu'il l'avait inventée en tant qu'instrument pour gouverner le peuple. On a pu attribuer à Moïse et à d'autres un rôle similaire. C'est dire que de tout temps l'invention religieuse est loin d'être apparue comme une aberration parmi les esprits lucides. »

Variante neuroscientifique et évolutionniste

Pour Stephen Jay Gould, la science et l'existence ou non de Dieu sont des choses indépendantes et non connectées. La science peut expliquer comment on croit, elle peut étudier le phénomène de la croyance mais elle ne s'intéresse pas à l'existence de Dieu. Son existence et la preuve de son existence sont des domaines de la philosophie et de la théologie. Dieu ne fait pas partie du champ d'application de la science analytique. C'est par conséquent uniquement sur le plan de la philosophie que les arguments scientifiques sur l'inexistence de Dieu peuvent être mis en plac.

Selon la thèse de Ludwig Feuerbach, « L'homme créa Dieu à son image », Dieu est présenté par Feuerbach comme une projection des désirs de l'homme. Pour Feuerbach, L'idée du divin est utilisée comme un moyen de transcender les questions psychiques liées aux capacités cognitives humaines. De telles projections d'une réalité idéale remplissent leur fonction psychologique d'illusions bienfaisantes. Les études récentes en neurosciences, semblent corroborer Feuerbach et confirmeraient que l'idée de Dieu est une émanation du cerveau humain. En mai 2008, Nicholas Epley montrait à l'aide de l'imagerie fonctionnelle cérébrale que les croyants attribuent à Dieu leur propre opinion sur des questions de société telles que l'avortement, le mariage homosexuel ou la peine de mort. L'équipe d'Epley a constaté que le fait de penser à Dieu active le cortex préfrontal médian, une zone du cerveau connue pour sous-tendre la « pensée autoréférentielle ». Cette zone s'active quand on parle de soi, qu'on exprime son opinion ou qu'on développe ses analyses, mais reste silencieuse lorsqu'on évoque les autres. Dans le cerveau des croyants, ce sont les mêmes zones qui s'activent quand ils pensent à Dieu ou à eux-mêmes. Les croyants créent donc Dieu à leur image. Selon l'anthropologue Dan Sperber, le cerveau humain serait prédisposé à croire et cette perméabilité aux idées religieuses proviendrait de la façon dont fonctionne la pensée humaine, plus particulièrement de la façon dont le cerveau construit une représentation du monde naturel.

Depuis la fin des années 1990, de nombreuses recherches neuroscientifiques vont dans le sens d'une explication physiologique de la croyance en Dieu. Celle-ci aurait été sélectionnée au cours de l'évolution du vivant. Les avantages évolutifs de la foi seraient la cohésion du groupe et la réduction de l'anxiété

Les travaux de l'équipe de Jacqueline Borg de l'université Karolinska de Stockholm ont démontré que la religiosité, c'est-à-dire la propension à voir le monde comme habité par le divin, dépendrait du taux de sérotonine, un neurotransmetteur déjà connu pour être susceptible d'engendrer des états similaires à ceux produits par certains psychotropes : modifications de la perception sensorielle, hallucinations, sensation de fusion avec le monde. Soit les sensations que les mystiques éprouvent au cours de leurs états extatiques. Pour autant, la sérotonine n'est pas une «molécule de la foi» : si la croyance en Dieu peut être

favorisée par l'action d'une molécule comme la sérotonine, elle ne peut en aucun cas se résumer à son action exclusive. Par ailleurs, une étude allemande de 2002 suggère que d’autres neurotransmetteurs, notamment les opioïdes (connus pour jouer un rôle important dans la sensation de douleur) pourraient être impliqués dans la cognition religieuse.
De fait, la structure du cerveau nous programmerait également à croire : c'est ce qu'a démontré en 2001 une expérience menée avec huit moines tibétains plongés dans un état de méditation débouchant sur une sensation de symbiose. On a remarqué que plus la méditation semblait profonde, et plus l'activité du cortex pariétal supérieur était ralentie. Or il se trouve que l'une des fonctions de cette zone cérébrale permet de distinguer son corps de l'environnement et de s'orienter dans l'espace. D'où l'émergence, chez les moines étudiés, d'altérations de la perception ainsi que de la sensation de fusionner avec l' Univers.
Ce ne serait pas la seule zone du cerveau concernée. Les recherches du neurobiologiste américain Michael Persinger suggèrent « que la stimulation électromagnétique des lobes temporaux, ces aires localisées au niveau des tempes, déclencherait la

sensation d’avoir à ses côtés une présence divine ». Ces aires pourraient donc être impliquées dans l’aptitude à ressentir une présence divine.

L'impression de sortir hors du corps est due à l'activation d'une zone très restreinte du cortex temporal, le gyrus angulaire. L'effet spectaculaire de l'impression de sortir du corps lors de l'activation du gyrus angulaire a été mise en évidence en 2002 par le neurologue suisse Olaf Blanke.

Chapitre /9

Le Calendrier Grégorien

Grégoire XIII. Christophorus Clavius.

Le **calendrier grégorien** est un calendrier solaire conçu à la fin du XVIe siècle pour corriger la dérive séculaire du calendrier julien alors en usage. À la demande du pape Grégoire XIII, des mathématiciens et des astronomes jésuites des universités de Salamanque et de Coimbra préparaient les bases d'un nouveau calendrier depuis 1579. Adopté par Grégoire XIII, dans la bulle pontificale *Inter gravissimas* du 24 février 1582, il est mis en application dans les États catholiques quelques mois plus tard. Le lendemain du jeudi 4 octobre 1582 est le vendredi 15 octobre 1582 en Espagne, Portugal et les États pontificaux. Son usage s'est ensuite progressivement répandu dans les pays protestants, et à l'ensemble du monde jusqu'au milieu du XXe siècle. Le calendrier grégorien s'est imposé dans la majeure partie du monde pour les usages civils ; de nombreux autres calendriers sont en vigueur pour les usages religieux ou traditionnels.

L'année grégorienne actuelle est 2024, qui a commencé le 1er janvier 2024 et se terminera le 31 décembre 2024. L'année grégorienne précédente était 2023 et l'année grégorienne suivante sera 2025.

Structure du calendrier grégorien

Le calendrier grégorien reprend en grande partie la structure du calendrier julien de la Rome antique en vigueur jusqu'alors : les subdivisions en mois et en semaines sont identiques, et le décompte des années se fait également à partir de l'*Anno Domini*, point de départ de l'ère chrétienne.

Christophorus Clavius a aussi contribué à la création du calendrier. En effet, le calendrier est basé sur ses travaux. Il publiera notamment un livre [archive] pour expliquer son fonctionnement.

L'unique différence réside dans la détermination des années bissextiles.

Subdivisions

Le calendrier grégorien est un calendrier solaire divisé en douze mois, de durée inégale :e ont chacun un nom :
en français, lundi, mardi, mercredi, jeudi, vendredi, sa medi et dimanche. Une période de 28, 29, 30 ou 31 jours (un peu plus de quatre semaines) forme un mois, et une période de douze mois, une année.

Décompte des années et des siècles

L'ère ordinairement utilisée avec le calendrier grégorien est l'ère chrétienne, c'est-à-dire « après Jésus-Christ » (*Anno Domini* en latin, locution encore utilisée en anglais et le plus souvent notée après l'année sous sa forme abrégée *AD*, et autrefois désignée en français comme « an de grâce »1 ou « an du Seigneur »).

L'ère qui précède est l'*ère pré-chrétienne* ; elle est décomptée en sens opposé, là aussi à partir d'une référence théorique à Jésus-Christ. On est dans la *direction* « avant Jésus-Christ » souvent abrégée en français « av. J.-C. ». Les années « av. J.-C. » sont souvent notées négativement.

Il n'y a pas d'année zéro, l'année 1 « après Jésus-Christ » succède à l'année 1 « avant Jésus-Christ », parfois notée -1. En conséquence, le premier siècle comprend l'année 100, le deuxième siècle débute le 1er janvier 101, et ainsi de suite. Ainsi, le XXe siècle s'est achevé le 31 décembre 2000 et non le 31 décembre 1999, jour où se sont déroulées les festivités de toute nature pour le « passage à l'an 2000 », par confusion entre année en cours et année échue. Le XXIe siècle a débuté le 1er janvier 2001.

Les années bissextiles

La raison du changement : le problème du comput

Le calendrier julien, établi par l'astronome Sosigène, insérait une journée bissextile tous les quatre ans, et attribuait donc à l'année une durée moyenne de 365,25 jours, soit 365 jours et 6 heures exactement. Or, l'année tropique moyenne (par définition, c'est la durée nécessaire pour que la longitude écliptique du Soleil, λ, augmente de 360°) dure 365,242 189 8 jours (soit 365 jours 5 h 48 min 45,198 s, c'était là sa valeur pour l'an 2012)2, mais cette durée décroît actuellement d'environ 0,531 seconde par siècle. Effectivement la valeur exacte en 2000 était de 365,242 190 516 6 jours, soit 365 jours, 5 heures, 48 minutes et 45,260 secondes, soit bien 0,062 seconde de plus.

Ces calculs induisaient un décalage de 12 minutes par an, soit de 20 heures par siècle, soit d'environ 8 jours par millénaire par rapport au temps vrai, décalage déjà perceptible lors du premier concile de Nicée, en 325, où l'on arrêta la règle de calcul de la date de Pâques. L'équinoxe de printemps tombait alors le 21 mars (effectivement le 20 mars à 10 h 1 TU), au lieu du 25 mars (de fait le 23 mars en 45 av. J.-C., soit en AUC 709 (*Ab Urbe condita*), référence initiale du calendrier julien – décrété par Jules César en AUC 708, pour entrer en vigueur le 1er janvier suivant –, mais cette différence fut imputée à une erreur de calcul de Sosigène3.

À cause de ce décalage, l'équinoxe de printemps *légal* glissait progressivement en s'éloignant de l'équinoxe de printemps *réel* et ce dernier « remontait » lentement dans le calendrier pour se situer aux alentours du 10 mars (julien) au XVIe siècle. La date de Pâques, fixée par les règles du comput au dimanche suivant la première pleine lune de printemps en fonction de cet équinoxe théorique (21 mars), dérivait lentement vers l'été, et avec elle une partie du calendrier liturgique.

Il faudra attendre 1800 pour que le mathématicien allemand Carl Friedrich Gauss établisse des formules permettant d'obtenir aisément la date de Pâques dans les calendriers julien et grégorien4.

Un nouveau mode de calcul des années bissextiles

Le calendrier grégorien reste un calendrier solaire, qui se fonde non sur la révolution de la Terre autour du Soleil (hypothèse non validée à l'époque), mais sur le retour du Soleil au point vernal à chaque printemps (cette durée est strictement différente de l'année tropique). Cette période est l'année vernale, est actuellement d'environ 15 secondes plus longue que l'année tropique et croît de 0,9 s par siècle, permettant le calcul du début de l'année quelques jours après le solstice d'hiver, en 365,242 189 8 jours de 24 heures.

Le calendrier grégorien donne une durée moyenne de l'année de 365,242 5 jours. Pour assurer un nombre entier de jours à l'année, on y ajoute tous les quatre ans (années dont le millésime est divisible par quatre) un jour intercalaire, le 29 février (voir Année bissextile), à l'exception des années séculaires5, qui ne sont bissextiles que si leur millésime est divisible par 400.

On considéra donc comme années communes (années de 365 jours) les millésimes qui sont multiples de 100 sans être multiples de 400. Ainsi 1600 et 2000 furent bissextiles, mais pas 1700, 1800, 1900 qui furent des années communes. De même, 2100, 2200, 2300 seront communes, alors que 2400 sera une année bissextile. En appliquant cette règle, on arrive à une année de 365,242 5 jours, soit exactement 365 jours 5 heures, 49 minutes et 12 secondes, au lieu de 365,242 189 8 jours, soit 365 jours, 5 heures, 48 minutes et 45 secondes actuellement, soit un excès de un jour en ~3 223 ans, ou ~26,8 secondes par an, soit environ 3 jours en 10 000 ans.

Il a été proposé d'amender la règle des années séculaires pour considérer, par exemple, les années multiples de 4 000 comme normales (soit les années 4000 et 8000), ou, à l'inverse, les années millénaires « paires » non divisibles par 4 000 comme normales (soit les années 6000 et 10000), en plus des années millénaires « impaires » de toute façon non divisibles par 400 et déjà normales. Mais, du fait du raccourcissement de l'année tropique évalué actuellement à 0,531 s par siècle, et de l'allongement progressif de l'année vernale de 0,9 s par siècle (qui va ainsi coïncider avec l'année grégorienne vers l'an 3600, puis la dépasser et diminuer pour coïncider à nouveau vers l'an 5700, avant de continuer à diminuer), ainsi, surtout, que de l'allongement de la durée du jour de 1,64 milliseconde par siècle (dû au freinage occasionné par l'action de la Lune sur les marées), il est illusoire d'arriver à ce niveau de précision, les incertitudes sur la durée de l'année sur 10 000 ans étant du même ordre de grandeur.

Cycle grégorien

Le cycle du calendrier grégorien est de 400 ans, ce qui permet d'affirmer qu'une date donnée, quelle qu'elle soit, se reproduit le même jour de la semaine, même quantième et même mois 400 ans plus tard (ou plus tôt[6]). Les tableaux des jours de l'an qui suivent s'en déduisent modulo 400.

Cette propriété est due au fait que le nombre de jours contenus dans 400 années du calendrier grégorien est multiple de 7. Une conséquence en est que la répartition des jours de la semaine sur un quantième donné n'est pas uniforme, le nombre de mois du cycle (4800) n'étant pas divisible par 7. Une illustration amusante en est que le 13 du mois tombe légèrement plus souvent un vendredi qu'un autre jour de la semaine.

Rattrapage du décalage

La réforme principale et suffisante éliminant cette dérive (et qui a été appliquée facilement dans les autres pays par la réforme limitée du calendrier julien) était celle du mode d'application des années bissextiles lors des années séculaires. La différence principale entre le calendrier grégorien et son ancêtre, le calendrier julien non réformé, repose dans la distribution des années bissextiles.

L'introduction du calendrier grégorien comprend aussi une deuxième réforme d'application plus délicate, le décalage grégorien qui supprima dix jours du calendrier.

Ces dix jours permettaient de rattraper d'un coup le retard croissant pris par l'ancien calendrier julien sur les dates des équinoxes depuis le concile de Nicée, plus de douze siècles avant, et de retrouver la concordance entre l'équinoxe de printemps et le 21 mars calendaire. Neuf ans bissextiles ont été comptées en trop : en 500, 600, 700, 900, 1000, 1100, 1300, 1400 et 1500 suivant les nouvelles règles de calcul.

Application dans les pays catholiques

L'introduction du calendrier grégorien commença le vendredi 15 octobre 1582, qui fut le lendemain du jeudi 4 octobre 1582 dans les États pontificaux et certains pays catholiques : Espagne, Portugal, États de la péninsule italienne. Pour les pays ayant immédiatement suivi Rome, cela permit de fixer de nouveau l'équinoxe de printemps le 21 mars, comme ce fut le cas au début de l'ère chrétienne, au premier concile de Nicée en 325.

Dans la France d'alors (sans l'Artois, les Trois Évêchés, la Lorraine, l'Alsace, la Franche-Comté, la Savoie ni le Roussillon, etc.), le passage se fit du 9 au 20 décembre 1582 ; il est à noter que dans la région d'Alsace et à Strasbourg le passage ne se fit pas à la même date, soit du 5 au 16 février 1682, et à Mulhouse du 31 décembre 1700 au 12 janvier 1701 donc avec déjà un saut de 11 jours.

Dans ses *Essais*, Montaigne mentionne les difficultés que ses contemporains ont éprouvées pour passer progressivement au nouveau calendrier7.

Du XVIIIe au XXe siècle

Cependant, certains pays ont tardé à appliquer l'ajustement grégorien des années séculaires, et ont donc compté l'année 1700 comme bissextile (selon l'ancien calendrier julien non réformé), ce qui a accru le décalage de date à onze jours. Johannes Kepler aurait dit que les protestants préféraient être en désaccord avec le Soleil plutôt que d'être d'accord avec le pape, en référence à leur rejet de la réforme du calendrier, mais la citation semble apocryphe et doit plutôt être attribuée à Voltaire8. La Suède qui utilisait le calendrier julien a tenté une première fois d'appliquer seule la règle d'ajustement grégorien en 1700 (non bissextile), sans appliquer le décalage de dix jours, puis s'est reprise en 1712 en ajoutant deux jours au mois de février (année doublement bissextile) pour revenir à l'ancien calendrier julien encore utilisé en Angleterre ou dans les pays protestants et orthodoxes voisins, et pour finalement sauter 11 jours du 17 février au 1er mars 1753.

Une congrégation est nommée en 1700 par le pape pour étudier le calendrier grégorien. Le cardinal Enrico Noris a été nommé président et Francesco Bianchini, camérier d'honneur du pape Clément XI et chanoine de la basilique Sainte-Marie-Majeure, secrétaire. L'objet de cette congrégation était de voir quelle réforme il faudrait faire au calendrier grégorien pour ôter aux États protestants tout sujet pour ne pas le recevoir et répondre aux critiques des États allemands9,10.

La Suède, en 1753, et l'Angleterre, en 1752, appliqueront complètement le calendrier grégorien plus tard, sous l'influence de l'Allemagne, des Pays-Bas et de la Suisse qui utilisaient simultanément les calendriers julien et grégorien, suivant qu'ils étaient de confession protestante ou catholique, et qui lors de leur unification ont voulu uniformiser les calendriers. Jusqu'à la Révolution bolchevique, la Russie utilisait le calendrier julien ; de fait, au XIXe siècle, il retardait de 12 jours et de 13 jours à partir de 1900. En 1918, les Bolcheviks imposèrent le calendrier grégorien : le 1er février correspondit au 14. Mais on continua politiquement en URSS comme en Occident à désigner la révolution à partir de la datation du calendrier julien : la « révolution d'Octobre », tout en la fêtant le jour correspondant au calendrier grégorien : le 7 novembre et non le 25 octobre. De même a-t-on gardé l'habitude de désigner la première révolution russe de 1917 d'après le calendrier julien : la « révolution de Février » (23-28 février) qui eut lieu dans le calendrier grégorien le mois suivant (8-13 mars).

La troisième réforme du calendrier grégorien était de commencer les années en janvier et non au mois de mars comme auparavant (le début de l'année dans le calendrier julien a lui-même varié — voir l'article correspondant et ses liens externes). Cette réforme permettait de faire coïncider les fêtes païennes du

Nouvel an dans le temps de Noël, et non plus avant la période sainte de Pâques. Dans bien des pays, cette dernière réforme a été appliquée des années ou même plusieurs siècles après celle de l'ajustement et du décalage grégorien. Cependant, cela n'a pas été le cas des pays orthodoxes, dont l'année commençait en septembre.

Pays utilisant un autre calendrier

Sept pays utilisent leur propre calendrier à des fins religieuses, tout en conservant le calendrier grégorien à des fins civiles :
l'Afghanistan et l'Iran : calendrier persan
l'Arabie saoudite : calendrier hégirien ; toutefois le calendrier grégorien est utilisé dans le secteur public depuis octobre 2016 par mesure d'économie.
l'Éthiopie et l'Érythrée : calendrier éthiopien
le Népal : le calendrier Vikram Samvat
Le Viêt Nam n'a également jamais officiellement adopté le calendrier grégorien, en pratique un calendrier luni-solaire est utilisé.

Non-rétroactivité et correspondance avec d'autres calendriers

Le calendrier grégorien est rarement utilisé de façon rétroactive.

En effet, le basculement entre les deux calendriers a eu lieu à des dates différentes selon les pays. Deux dates identiques dans deux pays différents (entre 1582 en France et 1918 en Russie, par exemple) peuvent correspondre à des moments différents. Des problèmes de datation se posent parfois quand il s'agit d'événements internationaux.

Par exemple, Isaac Newton est né soit en 1642 (25 décembre), en « vieux style » (*old style, os*), soit en 1643 (4 janvier), en « nouveau style » (*new style, ns*), selon que l'on utilise le calendrier julien alors encore en usage en Angleterre (jusqu'au 2 septembre 1752, *old style, os*, qui sera suivi du 14, *new style, ns*), ou le calendrier grégorien. Shakespeare et Cervantès sont morts à la même date (23 avril 1616), mais pas le même jour, l'Angleterre — pour sa part anglicane — n'ayant pas tout de suite adopté le calendrier grégorien.

En Histoire, on se réfère donc au calendrier julien pour la période précédant 1582. Les jours juliens sont un moyen commode d'établir la correspondance de date entre le calendrier grégorien et les calendriers julien, musulman et juif.

Débats sur le calendrier grégorien

Si le principe de l'ajustement grégorien n'a pas été remis en cause, il n'en est pas de même de son caractère religieux et de sa structure interne.

Origine chrétienne

En France, les critiques[Lesquels ?] portèrent sur ses liens avec le christianisme, au travers de l'ère chrétienne, des fêtes religieuses et des références aux saints dans les agendas.

Cela a motivé quelques projets de calendriers laïques, comme le calendrier républicain de la Révolution française, qui était un *remplacement* du calendrier grégorien, et non pas une réforme. À la différence du système métrique, le calendrier républicain avorta rapidement

Un autre projet de calendrier laïc (le calendrier fixe) a été proposé par Auguste Comte : le calendrier positiviste. Celui-ci n'a presque pas été utilisé en dehors de son promoteur et de quelques disciples.

Structure interne

Durée variable du mois

Les mois sont de longueur variable (de 28 à 31 jours), ce qui complique par exemple l'analyse des statistiques économiques. L'alternance entre des mois à 30 jours et des mois à 31 jours est nécessaire pour obtenir une année de 12 mois et de 365 jours (365 jours pour 12 mois = 30,4 jours par mois).

Le nombre de mois lui-même découle d'une contrainte sur la durée des mois, qui avait été choisie de façon à correspondre approximativement à un cycle lunaire (environ 29,53 jours pour une lunaison). Ainsi, même une population non lettrée pouvait savoir à peu près, en observant le changement d'aspect de la Lune, quand un mois s'était écoulé ; la référence à la Lune était importante pour les marins (pour connaître les marées) et pour les agriculteurs (travaux nocturnes dans les champs) d'une population majoritairement rurale.

Aujourd'hui ce lien n'est plus évident dans une civilisation urbaine.

Par ailleurs, la référence lunaire dans les calendriers n'est pas universelle, comme en témoigne le calendrier badīʿ, utilisé dans le bahaïsme. S'il se base également sur l'année solaire, celle-ci débutant à l'équinoxe du printemps le 21 mars, son originalité tient à l'abandon de la référence lunaire pour la durée du « mois ». Une année de ce calendrier comporte en effet 19 « mois » de 19 jours (soit 361 jours). Les 4 ou 5 jours supplémentaires nécessaires pour compléter une année sont intercalés entre le 18e et le 19e mois, et sont nommés les « jours intercalaires ».

Cependant, la grande majorité des réformes du calendrier tente de conserver un mois d'environ une lunaison.

Décorrélation des semaines et des mois

Dans le calendrier grégorien, il n'y a pas de correspondance entre le nom des jours et leur numéro dans le mois : on pourrait souhaiter, par exemple, que le premier jour du mois tombe toujours un lundi, le deuxième un mardi, etc.

C'est ce que permettaient les propositions de calendrier universel et de calendrier fixe, qui résolvaient à l'aide de jours épagomènes placés « hors-semaine », rompant ainsi la continuité de la semaine. Or, cette continuité de la semaine est en fait le seul lien commun avec les autres calendriers : les calendriers islamique et hébraïque, par exemple.

Un autre problème (de cohérence) est l'absence de correspondance entre le nom des mois (en particulier de septembre, octobre, novembre, décembre) et leur emplacement car septembre devrait être le septième, octobre le huitième, novembre le neuvième et décembre le dixième (tel qu'il en était du temps du calendrier romain républicain).

Durée variable des trimestres

Dans le calendrier grégorien, le deuxième trimestre est plus court que le troisième.

Cette particularité découle du caractère solaire du calendrier : en effet, l'été astronomique est, actuellement, plus long d'environ quatre jours que l'hiver astronomique. Les longueurs irrégulières des trimestres permettent de maintenir une date fixe pour les solstices et les équinoxes.

Comme la durée variable des mois, cette irrégularité complique la lecture des statistiques.

Nombre de semaines par mois / nombre de semaines par an

Ni le nombre de semaines par mois (4,33), ni le nombre de semaines par an (52,14) ne sont des entiers.

La seconde difficulté a amené de nombreuses propositions de réformes à utiliser le principe du jour épagomène. Il s'agit d'un jour blanc qui n'entre pas dans le décompte de la semaine. En ajoutant un jour épagomène à l'année (ou deux les années bissextiles), on arrive à obtenir l'égalité $365 = 7 \times 52 + 1$. On retrouve la même idée avec les jours complémentaires dans le calendrier républicain de la Révolution française.

Pérennité

Les critiques[Lesquels ?] visant la nature religieuse du calendrier grégorien, ou la construction même du calendrier, donnèrent lieu à des projets de réformes au cours des trois derniers siècles.

La Convention fit adopter un système calendaire décimal, dit républicain, les semaines étant remplacées par des *decadi* (décades, c'est-à-dire dix jours) et les mois ayant tous trente jours. Le repos hebdomadaire était remplacé par un repos décadaire. Napoléon fit abroger cette mesure tout en confirmant l'usage du système métrique pour les autres unités que le temps.

D'autres réformes furent les propositions de calendrier universel et de calendrier fixe. Au cours du XXe siècle, la Société des Nations puis l'Organisation des Nations unies menèrent des études pour réformer le calendrier. Celles-ci furent abandonnées sous la pression de pays comme les États-Unis, le Royaume-Uni, les Pays-Bas ou l'Indonésie, officiellement pour ne pas désorganiser les traditions religieuses.

- Isaac Asimov imagine dans son cycle *Fondation* l'idée que le calendrier terrien est alors utilisé dans tout l'espace connu, mais que tout le monde a oublié sa raison d'être initiale (et jusqu'à l'existence de la Terre elle-même) et que les esprits curieux s'interrogent sur l'origine de ces choix peu compréhensibles. On retrouve le clin d'œil de Charles Quint qui, s'étant fait expliquer par ses astronomes le pourquoi de ces ratios, estimait qu'il aurait pu donner quelques conseils utiles à l'Éternel si celui-ci avait jugé bon de le consulter.

Chapitre /10

Quelques tristements célèbres dictateurs du Monde

Le pouvoir absolu, total. Celui pour lequel on ne doit rendre de compte à personne. Celui qui asservit tous ceux qui gravitent autour du leader autoproclamé. Ce pouvoir qui donne à un individu, un seul, le droit de vie ou de mort sur quiconque se trouve sur son territoire, au vu et au su d'une communauté internationale qui, toujours, tarde à réagir… si elle le fait! Voilà la triste définition du mot «dictateur», une réalité qui existe encore de nos jours.

Voici 15 des dictateurs qui ont entraîné un trop grand nombre de victimes dans leurs sillons meurtriers. La planète politique en tirera-t-elle un jour une leçon !!!

Mao Zedong (1893-1976)
Pays: Chine

Au cours de ses premières cinq années au pouvoir, le fondateur de la République populaire de Chine a envoyé directement à la mort entre 4 et 6 millions de ses concitoyens. Ses politiques agraires auraient tué environ 20 millions de paysans.

Adolf Hitler (1889-1945)
Pays: Allemagne

Le chef des troupes nazies est responsable de la mort de 17 millions d'individus au cours de la Seconde guerre mondiale, dont 6 millions de Juifs déportés et tués dans des camps de concentration.

Léopold II (1835-1909)
Pays: Belgique

Pays colonial à l'époque, la Belgique – avec Léopold à sa tête – a tué environ 15 millions de Congolais.

Joseph Staline (1878-1953)
Pays: Union soviétique

Ses politiques agraires qui devaient faire de l'Union soviétique un pays riche ont littéralement fait mourir de faim une dizaine de millions de Russes, et c'est sans compter sur la Grande Purge, au cours de laquelle intellectuels, activistes et opposants à ses idéaux furent systématiquement éliminés.

Hideki Tojo (1884-1948)

Pays: Japon

Non content d'être promu à titre de grand général de l'armée impériale, Tojo s'est aussi attribué les titres de Premier ministre, de ministre de l'Intérieur, des Affaires étrangères, de l'Éducation, du Commerce et tutti quanti. Allié aux troupes hitlériennes, il a envoyé les Japonais se battre en Asie, ce qui a entraîné la mort de 5 millions de personnes.

Nicolas II (1868-1918)
Pays: Russie

Nicolas «le Pacifique» est rapidement devenu Nicolas «le Sanguinaire», et la création d'une nouvelle nation s'est faite sur le dos de 3 millions de Russes qui ont payé de leur vie. Il fut assassiné en même temps que sa femme, ses cinq enfants, son médecin, son domestique, sa femme de chambre et son cuisinier.

Pol Pot (1925-1998)
Pays: Cambodge

Pol Pot voulait que tous soient égaux. Il envoya donc les citadins aux champs et vice-versa. N'obtenant pas les résultats escomptés, il décida de punir son peuple en lui retirant le droit à l'éducation, à la nourriture et aux médicaments. Plus de deux millions de

Cambodgiens ne partageant pas ses idées ont trouvé la mort.

Ismail Enver Pasha (1881-1922)
Pays: Turquie

Le leader de la Révolution des jeunes turcs a mené l'Empire Ottoman lors de la Première guerre mondiale et lors de la Guerre des Balkans. Perdant bataille sur bataille, il s'est vengé en éliminant presqu'entièrement la communauté arménienne (1,5 million de personnes ont trouvé la mort) et en tuant un autre million d'individus d'ethnies diverses.

Saddam Hussein (1937-2006)
Pays: Irak

Pendu en 2006 suite à un jugement hâtif dans son propre pays, Hussein est responsable de plusieurs génocides contre divers groupes ethniques qui se sont opposés à son leadership, comme les Kurdes et les Assyriens. Ses guerres contre l'Iran et le Koweit ont entraîné la mort de millions de personnes.

Mengistu Haile Mariam (1937-)
Pays: Éthiopie

Tous les moyens furent bons pour se débarrasser de

ses opposants. Trois bouteilles de sang étaient à ses pieds lorsqu'il a annoncé la mort du Parti révolutionnaire. C'est lui qui a incité son peuple à tuer des milliers de Kébélés dans les rues. Les gens qui réclamaient les corps de leurs bien aimés ont dû payer une surtaxe. Plus de 1,5 millions de personnes ont péri.

Vladimir Ilitch Lénine (1870-1924)
Pays: Russie soviétique

La Terreur rouge a vu l'élimination systématique de millions d'opposants, incluant des membres de son propre parti politique.

Idi Amin Dada (1928-2003)
Pays: Ouganda

Son règne fut court – de 1971 à 1979 – mais ce fut assez pour inciter un génocide qui tua un demi-million de ses concitoyens.

Kim Jong-il (1941-2011)
Pays: Corée du Nord

Le leader coréen a mis derrière les barreaux un quart de millions de ses concitoyens et en a affamé des millions d'autres. Son fils sera-t-il différent?

Vlad III l'Empaleur (mort en 1476)
Région: Valachie

L'un des despotes les plus sanguinolents de l'Histoire, il est la triste inspiration du Dracula de Bram Stoker. Il ne se gênait jamais pour empaler ses victimes et se baignaient supposément dans leur sang.

Robert Mugabe (1924-)
Pays: Zimbabwe

Mugabe a truqué les élections et a créé un régime de peur pour être «élu» démocratiquement. N'ayant pas reçu de vote d'une province, il y a ordonné le meurtre de 20 000 civils, créant comme diversion de fausses histoires de rébellion et de trahison. Sa réforme agraire – i.e. raser des villages entiers – a fait en sorte que plus de 3 millions de Zimbabwéens ont perdu leur maison, leur travail et ultimement leur vie.

De nos jours en 2024 .

Dans le monde la dictature et l'oppression des peuples ne changent pas, il suffit de regarder les actualités tous les jours qui passent, pour s' apercevoir du monde chaotique dans lequel nous sommes plongés.

La dictature et les horreurs n'auront de cesse que lorsque des citoyens sensés se rebelleront, et enverront croupir dans les cachots, ces soi-disant Chefs d' Etats de pacotilles.

Allons nous laisser faire les Tirans, allons nous les laisser nous dire comment nous devons manger notre soupe ?

Allons nous les laisser nous envoyer des Missiles Nucléaires en restant les bras croisés, et en disant :

« Amen »

Chapitre /11 Conclusion ;

Evolution ou non !!

De l'infime bactérie qui fut à l' origine de l'espèces humaine, il y a quelques 520 Millions d' années, nous sommes devenus des êtres « super intelligents » à ce qu'il paraît !!

Au vu de tout ce qu'il se passe dans le monde actuellement, de toutes ces guerres de territoires, de religion, on peut se demander si l' Homme a mûri et est devenu plus sage, il suffit de regarder autour de soit pour voir que ce n'est pas vraiment le cas !!

Guerre acuelles Russie-Ukraine, Iran-Israël, Burkina faso, Somale, Soudan, Nigéria, Syrie, Israël-Gaza, du coté de l' Arménie cela reste tendu.

Depuis des millénaires, l' Homme n'a eu de cesse de promouvoir la Guerre sous toutes ses formes au non de religions idéalogiques et sans raisons valables ou tout simplement pour quelques arpents de terre.

Dans la mort, je n' ai jamais vu un être humain avoir la possibilité d' emmener une montagne serait-ce même s' il en fut propriétaire !!!

Table :

FSC
www.fsc.org
MIX
Papier | Fördert
gute Waldnutzung
FSC® C083411

Kolibri 360 GmbH
Ferdinand-Jühlke-Straße 7
99095 Erfurt, Deutschland
produktsicherheit@kolibri360.de